佐草一優／監修　賴純如／譯

超人氣 貓種圖鑑47

目次

索引

貓的毛色與花紋

貓的顏色是依毛色與花紋的組合來決定的。但是，由於同樣一根毛，顏色可能會在中間發生變化，或是底層毛與外層毛顏色不同，還有品種的色調、被毛的光澤度等等，都會改變整體的印象，具有非常多樣的顏色組合。長年下來，被人類飼養而進行各種交配至今的貓，到現在已經分不清楚什麼顏色才是貓原本的顏色了。不過，身為家貓祖先的利比亞山貓是以灰色為底，上面有黑色的虎斑條紋，相較於其他的歐洲山貓，毛色的對比並不強烈。原本貓的毛色就跟大多數的野生動物一樣，叫做野鼠色（Agouti），每一根毛上面都有呈帶狀的不同顏色，這個現象稱為漸層（Ticking）；然後再加上虎斑條紋，這樣的被毛顏色，就是貓原本的顏色。

基本毛色

黑色

就像野貓身上的條紋一樣，許多貓身上都有黑色的基因。例如在野生種當中，以全身漆黑而聞名的黑豹，其他的野貓也會偶爾出現全身漆黑的突變個體。第一個出現的貓種極有可能就是一身黑的黑貓。

其他顏色

以黑、白、褐三色的深淺為基本，貓的毛色之所以有這麼多組合變化，是因為一種會讓毛的顏色變淡、叫做「Dilute」的突變基因，會讓一根毛的顏色在中間產生不同的色調之故。

白色

在野貓中不會有白色的貓。或許是因為全白和白色的花紋在自然界中非常醒目，不利於生存的關係吧！不過，為了要在夜間光線昏暗的情況下辨別出家貓、家畜與前來偷襲的野生動物的不同，由人類改良培育出來的白貓更加受到歡迎。此外，由於貓的白色為顯性基因，可以抑制其他的毛色，因此白貓也並不算是太少見。

褐色

貓的毛色就和人類的髮色一樣，都是由麥拉寧色素所決定的。說到麥拉寧色素，很容易讓人聯想到日曬時產生的黑色，但其實就跟人類的髮色一樣，即使同為麥拉寧色素，也會產生紅色；而依照黑色與紅色產生的方式及微妙的混合狀況，就會決定最後呈現出來的毛色。以貓來說，有從深褐色到被稱為紅色的鮮橘色、肉桂色等，會依照不同的顏色深淺，而成為眾多毛色的底色。

被毛的色調

一根毛的顏色會在途中發生變化的情況，較容易發生在長毛的波斯貓身上，因此可以做出非常多的顏色組合。

陰影色（Shaded）

這是指一根毛在途中出現不同顏色的類型。毛根是白色的，尖端約有50%則為較深的毛色。

煙色（Smoke）

只有毛根是偏白的淡色，其他大部分都是深色的類型。由於底毛也是白色的，整體給人好像覆蓋一層煙霧的感覺。

毛尖色（Tipped）

越往毛尖，顏色就越深的類型。

花紋的種類

配合不同的毛色與花紋，可以將貓分成無數個種類，但其中某些品種有其特有的花紋。此外也有一種情況是，因為只有特定的花紋比較受歡迎，而使得其他花紋的個體越來越少見，就像美國短毛貓的銀色古典虎斑一樣。

雙色

虎斑＆白色

玳瑁色

玳瑁色＆白色

玳瑁虎斑＆白色

雙色（Bi-color）
指有2種顏色的被毛。由白色加上其他顏色的色塊所組成，共有2種顏色的花紋。也稱為「Parti-Color」。即使同為雙色，如果是黑色與褐色，或是黑色與橘色時，則稱為玳瑁色。由於雙色的基因是在白色中混雜了斑點，因此基本上和玳瑁色的基因是不一樣的。而在白色與其他顏色的分量上，有各種不同的組合類型。但是一般說來，比起全身只有一小部分有白色斑點，或是反過來由白色佔了大部分比例的類型而言，白色部分只佔比一半還少一點的類型是比較理想的。不過，雙色花紋的貓每隻的個體差異都很大，個性也都很協調，因此是非常惹人憐愛的類型。

虎斑＆白色（Tabby＆White）
指在雙色的色塊上有虎斑花紋。

玳瑁色（Tortie）
由黑色和橘色、紅色所組成。大多不像雙色一樣有較大的色塊，而是會像細碎的馬賽克花紋一樣。雙色和玳瑁色的花紋是遺傳的，無法以交配的方式來改良，如果不生下來，就無法得知會是什麼樣的花紋。Tortie是Tortoiseshell的略稱，意思是「像陸龜龜殼上的馬賽克花紋一樣」。

玳瑁色＆白色（Tortie＆White）
在日本叫做「三毛貓（三色貓）」，也叫做「Calico」。貓毛的紅色基因是在性染色體的X染色體上，而在決定性別時，性染色體XX為雌性，XY為雄性，因此，只有擁有雙色基因，又有紅色基因的XX才會出現玳瑁色＆白色的花紋。一般來說，雄性為XY，所以不具備紅色的基因，應該是不會出現玳瑁色＆白色的花紋，但還是有幾萬分之一的比例會出現玳瑁色＆白色的公貓，這時，性染色體就是XXY。幾乎所有這樣的個體都沒有生殖能力，就算極罕見地出現了有生殖能力的公三色貓，牠所生出來的公三色小貓也不會有生殖能力。此外，在繁殖期間不會和別的公貓打群架，當然也不會對母貓求愛，或是被母貓追求。

玳瑁虎斑＆白色（Tabby tortie＆White）
這是指在玳瑁色＆白色的色塊上出現了虎斑花紋。在日本貓中還滿常見的，不過在國外卻好像很罕見。

條紋虎斑

古典虎斑

斑點虎斑

斑點虎斑的碎斑

梵色

野鼠色虎斑

重點色

手套色

虎斑（Tabby）

也就是條紋圖樣。除了有像埃及貓等的斑點虎斑之外，像阿比西尼亞貓之類的野鼠色也算是虎斑的一種。

條紋虎斑（Stripe Tabby）

也就是一般所說的條紋狀的虎斑。有紅色、黑色和銀色等。也有人稱為魚骨狀虎斑。

古典虎斑（Classic Tabby）

這是以美國短毛貓而廣為人知的花紋。像老虎一樣的粗條紋，看起來好像漩渦一樣；體側有類似牡蠣的圖案，由上往下看，肩膀部分就像是展翅的蝴蝶一樣。

斑點虎斑（Spotted Tabby）

條紋沒有連貫，變成斑點模樣的虎斑。有呈現點狀、如同字面一樣的虎斑；也有條紋像花瓣一樣環繞在斑點外側、有如美洲豹的被毛一樣的斑點，稱為「碎斑」——這些都算在斑點虎斑裡。

梵色（Van）

這是土耳其梵貓特有的花紋，只在頭部和尾巴有出現顏色的一種虎斑。在其他地方好像很少見，但在阿拉伯據說有不少這樣的貓。

野鼠色虎斑（Agouti Tabby）

由於野生時代所遺留下來的野鼠色毛色和虎斑花紋有密切的關係，因此就算沒有明確的條紋或斑點圖案，只要是野鼠色的貓，在頭部或四肢都會出現虎斑的花紋。

重點色（Point Color、Pointed）

在耳朵、頭部、四肢、尾巴有深色的部分，隨著越往身體末端，顏色就越來越深，暹邏貓就是這種花紋。顏色有許多種，也有海豹重點色這類獨特的色調。

手套色（Mitted）

很像重點色，但是在臉部和四肢末端呈現白色的花紋類型。襤褸貓就屬於這種花紋。

貓的體型

耗費將近一萬年的時間遍及世界各地的貓，為了適應每塊土地不同的風土，在體型上也逐漸出現了改變。不僅如此，在特別關注這些變化的育種者的努力下，進行有計畫的繁殖，讓原本只算是地區突變的體型加速進展，誕生了目前有各式各樣體型的貓。基本上，出產於南方的貓為了對應暑氣，體型會比較纖瘦，四肢較長，臉也比較小。不只是體型不同，東方型的貓為了適應暑熱，逐漸演化成沒有底層毛的被毛；相反地，生於北國的貓都較為大型，也都擁有底毛豐厚的雙層被毛。為了適應當地的氣候，在被毛等的特徵上就呈現了不同的結果。

外國型

據說是為了適應溫暖地方而造成了這種苗條的體型。雖然整體較為細長，但卻是肌肉發達的體型。目前以產於亞洲地區的緬甸貓為代表，但在更久之前，暹邏貓的體型並不像現在這麼細長、臉型也沒這麼三角形，而是比較接近外國型的體型。

半外國型

個頭稍小但肌肉發達，看起來運動神經很好的體型，以阿比西尼亞貓為代表。流暢靈活的動作，可以說是充分表現貓的優美靈巧的體型。

短身型

波斯貓的身體是具有足夠的寬幅，重心較低，肌肉結實的體型。由於被毛很長的關係，很難發現牠原本健壯的身體，但那沉重的分量感正是牠的魅力所在。

半短身型

重心不像短身型那麼低，是肌肉非常健壯發達的貓，美國短毛貓和英國短毛貓都屬於這種體型。臉比較大，感覺很有貓老大的威嚴。

體長健壯型

肌肉發達，身體較長，是大而健壯的體格。被稱為是最接近原本的野貓的體型。據說會在雪中玩耍的西伯利亞貓和挪威森林貓等，這些可以適應北國嚴寒環境的貓，以及還保有野貓血統的孟加拉貓都是這種體型。

東方型

極端纖細，手腳、脖子都很長，還有倒三角形的小臉，以暹邏貓為代表的體型。充滿異國風情的姿態、苗條的體型和舉動，對於愛貓家來說都是無可抵擋的魅力，但如果太過極端的話，可能會招來一般人異樣的眼光。特別是捲毛貓等擁有其他罕見特徵的貓，如果又是這種體型的話，看起來就會更不可思議了。

貓的關連用語解說

愛貓協會

這是指有在進行貓咪的血統管理、登錄的貓咪愛好會。這些團體會舉辦貓展或是發行血統書。有FIFA、TICA、CFA等。

Agouti

原本是指產於南美洲的一種嚙齒類動物，但一般則是指一根毛的顏色在途中產生變化的狀態。用於貓的毛色時，通常是指虎斑花紋之間的底色的毛色。

曼赤肯貓（三色）

底層毛（Undercoat）

在堅硬的表層毛之下，柔軟而捲曲的毛。也稱為下層毛。

亞洲種（Asian）

這是指和緬甸貓一樣，祖先同樣都是亞洲既有貓，但卻沒有像緬甸貓一樣有系統地品種化的貓。也稱為「Asian Group」。

表層毛（Guardcoat）

指位於最外層的堅硬保護毛。也稱為上層毛或外層毛。

瑪瑙色（Cameo）

這是指有混入奶油色或紅色等毛尖色的毛色。

Calico

也就是三色貓。不是隨便哪三種顏色都可以，對貓來說，因為遺傳的關係，只會出現白色加上黑色與紅色的花紋。也稱為玳瑁色＆白色。

貓舍（Cattery）

這是指愛貓協會認可的繁殖場，也會記載在血統書上。

奶油色（Cream）

指帶有黃色的淺褐色。

金色（Golden）

這是指表層毛從頭部到尾巴為褐色，底層毛則稍微帶有紅色的毛色。頭部和四肢有類似虎斑的花紋。看起來雖然不像金色，卻呈現出複雜的色調。

海豹色（Seal）

語源是來自於海豹身上偏黑色部分的顏色。這是一種很深的焦褐色，一般只有用來指重點色。

波斯貓（藍色）

自然發生型

這是指長期在與外界隔絕的地區內反覆交配，自然地產生特徵的貓種。也就是所謂的土著貓。只不過，並不是當地隨便抓來的流浪貓，而是為了維持特徵使其品種化，會與其他品種進行交配等選擇性地育種繁殖。

展示型（Show type）

這是指為了參加貓展，由愛貓協會旗下的貓舍或會

緬因貓

員進行繁殖，期望能引出該品種最大魅力的貓。除了要忠於標準型，也要考慮到育種者理想中的姿態，有計畫地繁殖。

銀色（Silver）

指帶有淡淡藍色的被毛，是淺灰色又有光澤的毛色。

人工培育型

以做出理想品種為目標，將不同品種或不同毛色的貓交配，人為產生的品種。

品種標準（Standard）

這是指登錄品種的理想基準。依照愛貓協會的不同，多少有些差異。嚴密來說，不符合品種標準的個體就是「不符合該品種的標準＝不是該品種」，但如果是寵物型，就算多少有違品種標準，只要貓咪看起來可愛，大多還是可以進行販售的。

雙層被毛（Double Coat）

長有表層毛和底層毛，比較可以耐寒的被毛。

巧克力色（Chocolate）

這是指紅色比海豹色還要重的深黑褐色。

金吉拉（Chinchilla）

指毛尖色為銀色的波斯貓。

突變型

這是指突變而產生的品種。在品種化時，要先確認突變的基因會不會遺傳給小貓、對健康有無不良影響後，才能做為品種加以認定。

突變型的美國鋼毛貓

淡黃褐色（Fawn）

比奶油色還深的麥稈色。

藍色（Blue）

黑色的稀釋色，實際上雖然是灰色，但由於光線的關係，有時看起來會帶有一些藍色。

寵物型（Pet type）

這是指以家庭飼養為目的所繁殖的貓。寵物型的貓通常是大眾比較容易接受的長相。有時候，做為展示型的同一胎小貓中，不適合參展的小貓也會被當成寵物型來販售。

紫丁香色（Lilac）

像是深一點的淡黃褐色，是帶有些微黃色的褐色。

毛領圈（Ruff）

這是指從頸部周圍到胸口一帶，像鬃毛一樣的長被毛。

捲毛（Rex）

指捲曲的被毛。原本是指一種被毛短而密生，摸起來的觸感像麂皮一樣的兔子。

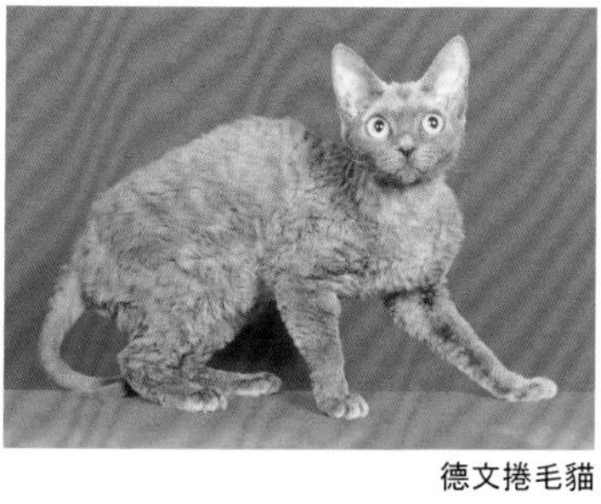
德文捲毛貓

本書的使用方法

DATA……體型
表示在6種體型中該貓種的分類。各體型的詳細解說刊載在第7頁。

大小
表示該貓種成長後的體型大小，大致分成3類。在挑選貓咪時可做為參考。

DATA……毛色
表示該貓種的毛色。關於毛色的解說刊載在第4～9頁。

喜馬拉雅貓

Himalayan

DATA

原產國	英國、美國
別名	重點色波斯貓
體型	短身型
毛色	各色重點色
體重	約4～8kg
誕生	人工培育
購買難易度	容易
價格	10萬～20萬日幣

大小：大
個性：悠哉、高雅
容易罹患的疾病：毛球症、眼疾

將數一、數二的人氣貓咪結合在一起

藍色重點色

Himalayan 118

DATA……誕生
表示該貓種誕生的過程類別。

●自然發生
沒有經過人為干預，從以前就存在的貓種。

●突變產生
將因突變而在毛色、毛質、體型等出現罕見特徵的貓進行血統管理，將該特徵固定下來的貓種。

●人工培育
將純種、野生種、土著貓等有計畫地使其交配，以人工培育的方式所創造出來的貓種。

DATA……價格
由協助取材的「寵物專門店KOJIMA」（龜戶本店 03-3681-5545）所提供的價格。

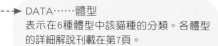

飼養難易的標準
將該貓種的飼養難易度以三階段的圖表來表示。白色部分的面積越大，代表越容易飼養。

適合新手飼養
指標越向外側，表示是越適合初次養貓的人飼養的貓種。

愛向飼主撒嬌
指標越向外側，表示是越愛撒嬌，喜歡黏在飼主身邊的貓種。

被毛容易整理
指標越向外側，表示是被毛越好整理的貓種。

友善易親近
指標越向外側，表示是越容易與其他的人或貓相處融洽的貓種。

容易健康管理
指標越向外側，表示是健康管理越容易的貓種。

不會神經質
指標越向外側，表示越不會神經質，是比較大而化之的貓種。

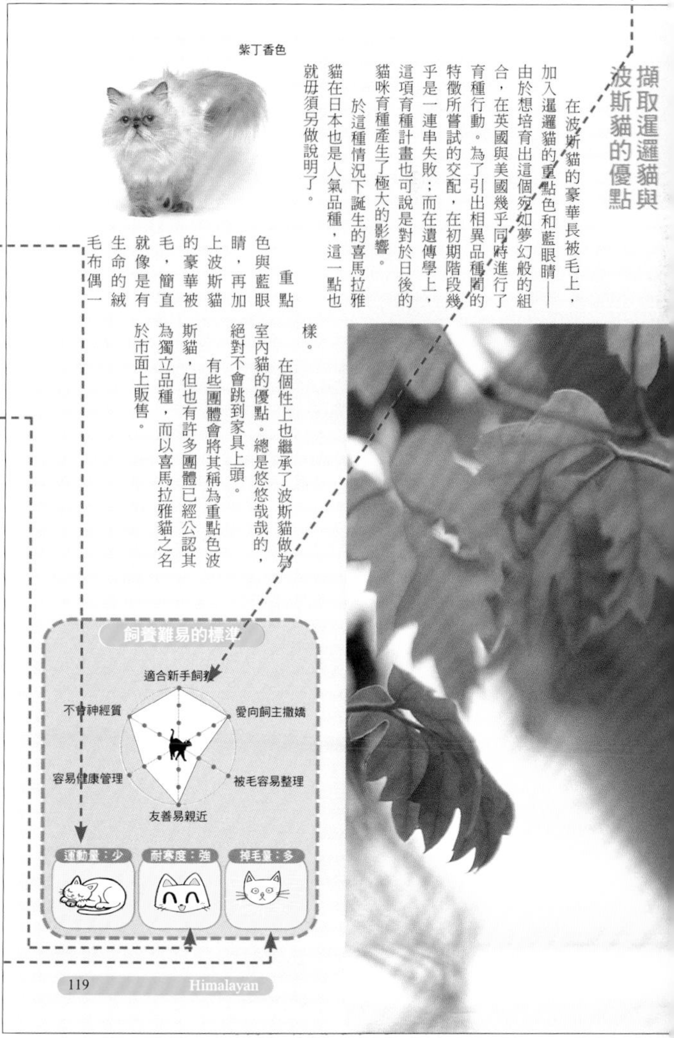

擷取暹邏貓與波斯貓的優點

在波斯貓的豪華長被毛上，加入暹邏貓的重點色和藍眼睛——由於想培育出這個宛如夢幻般的組合，在英國與美國幾乎同時進行了育種行動。為了引出相異品種間的特徵所嘗試的交配，在初期階段幾乎是一連串失敗；而在遺傳學上，這項育種計畫也可說是對於日後的貓咪育種產生了極大的影響。

於這種情況下誕生的喜馬拉雅貓在日本也是人氣品種，這一點也就毋須另做說明了。

紫丁香色

重點色與藍眼睛，再加上波斯貓的豪華被毛，簡直就像是有生命的絨毛布偶一樣。

在個性上也繼承了波斯貓做為室內貓的優點。總是悠悠哉哉的，絕對不會跳到家具上頭。

有些團體會將其稱為重點色波斯貓，但也有許多團體已經公認其為獨立品種，而以喜馬拉雅貓之名於市面上販售。

運動量
將該貓種的運動量以三階段來表示。

耐寒度
將該貓種耐寒的程度以三階段來表示。不過一般而言，貓原本就是比較怕冷的動物。不管表示的程度為何，只要天氣變冷就請務必替牠保暖。此外，越是耐寒的貓就越不耐暑熱，在夏天或是較為悶熱的日子裡，請注意做好溫度管理。

掉毛量
將該貓種掉毛的程度以三階段來表示。越是掉毛量多的貓種，就越需要經常整理被毛並打掃房間。

阿比西尼亞貓

Abyssinian

DATA

原產國	英國
別名	兔貓
體型	外國型
毛色	淡紅色、淡黃褐色、紅色、藍色
體重	約4～8kg
誕生	自然發生
購買難易度	容易
價格	8萬～15萬日幣

大小：中

個性：愛撒嬌、愛玩

容易罹患的疾病：視網膜萎縮、壓力性皮膚炎

充滿野性氣息的調皮貓

淡紅色

年紀越大越安靜

像美洲獅一樣的毛色，是來自於每一根毛的顏色都會在途中改變、稱為「漸層虎斑」的花紋。額頭上的M字型花紋也是特徵之一。眼睛則是金色或綠色的杏仁形。

由於出現在古代埃及壁畫中的貓也有漸層虎斑，因此被認為是從古埃及時代就一直被飼養至今的貓。而現代阿比西尼亞貓的由來則是有人將衣索比亞的一隻貓帶到英國後，進行品種改良而成的。因為衣索比亞以前叫做阿比西尼亞，所以這個品種就以此來命名。

小貓・淡紅色

在日本，這算是比較新的品種，就如同牠野性的外表一樣，運動神經也是超級優秀。小時候雖然很調皮，但個性乖巧，叫聲也很小，長大後會成為很安靜的貓。學東西的速度很快，在教養上算是很輕鬆的品種。另外，牠也是很黏人的貓，會一直跟在飼主後面走來走去，以「像狗一樣的貓」而廣為人知。

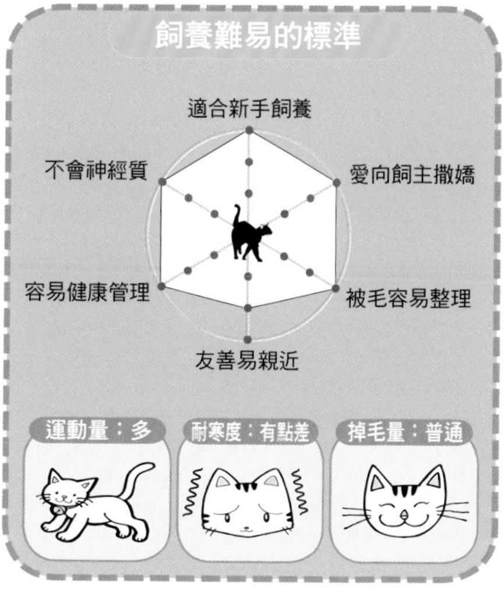

紅色

淡黃褐色

藍色

藍色

淡紅色

淡紅色

小貓・淡紅色

索馬利貓

Somali

DATA

原產國	英國
別名	沒有
體型	外國型
毛色	淡紅色、淡黃褐色、紅色、藍色
體重	約4～8kg
誕生	突變產生
購買難易度	容易
價格	15萬～25萬日幣

大小：中

個性：愛撒嬌、愛玩

容易罹患的疾病：皮膚病、視網膜萎縮

在阿比西尼亞貓的野性氣息中加入了優雅

小貓・紅色

可以一起愉快玩耍的貓

這是將以野性氣息為魅力的阿比西尼亞貓突變所產生的長毛貓進行品種化後孕育出來的貓種。

索馬利這個品種名稱是來自於阿比西尼亞的鄰國索馬利亞。雖然索馬利貓的起源與索馬利亞並沒有直接關係，但因為牠是阿比西尼亞貓的親戚，所以就以此來命名。

這個品種的特徵是中長毛的被毛，但不同的個體，被毛的長度及長毛生長的地方多少會有差異。一般而言，從頸部周圍到胸前的部分會有一圈好像戴了圍巾一樣的長毛，也有些個體連尾巴都是蓬鬆柔軟的長毛。

長毛貓一向都給人氣質高雅的印象，但索馬利貓不論個性、體格、活動力都是繼承自阿比西尼亞貓，因此雖然有優雅的外表，但卻是可以和飼主一起愉快玩耍的貓。

雖然是長毛，但因為毛量較少的關係，和其他的長毛種比起來，在被毛的管理和掉毛的處理上都會比較輕鬆。

紅色

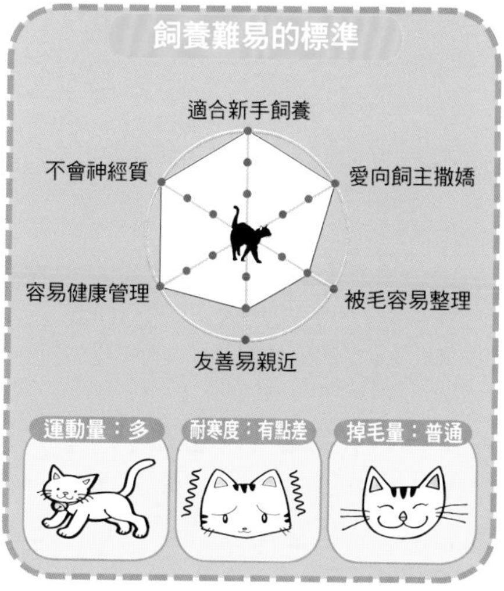

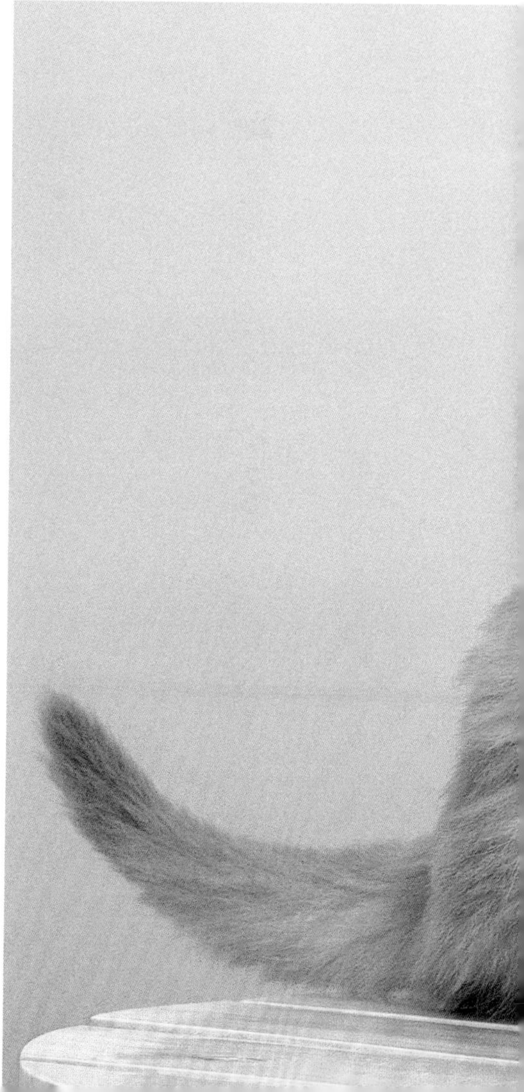

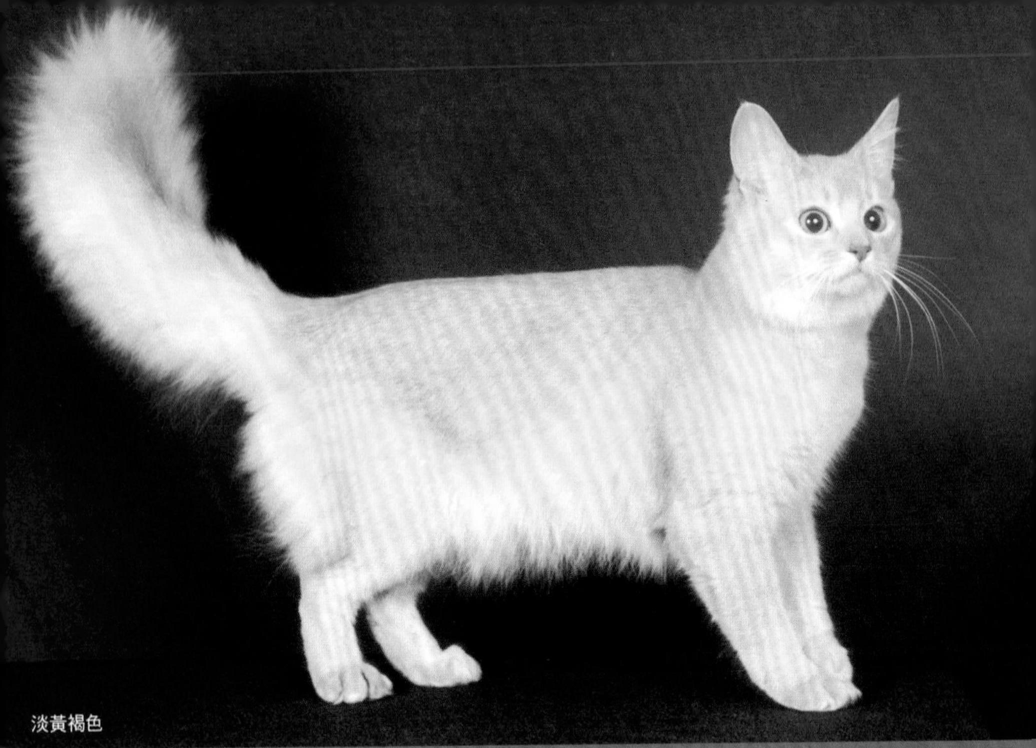

淡黃褐色

紅色

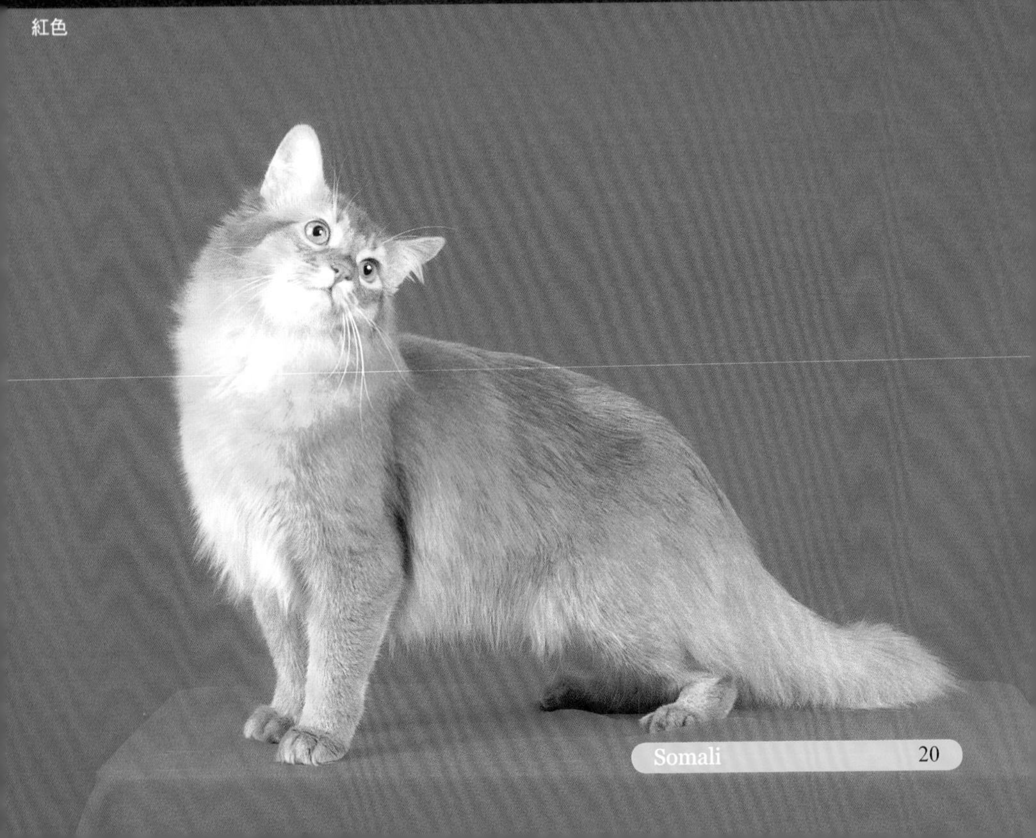

淡紅色

藍色

美國捲耳貓

American Curl

DATA

原產國	美國
別名	沒有
體型	半外國型
毛色	全色
體重	約6～8kg
誕生	突變產生
購買難易度	有點難
價格	15萬～25萬日幣

大小：大

個性：活動力強、大膽外向

容易罹患的疾病：外耳炎

擁有外翻的耳朵，非常獨特的新面孔

小貓

個性上有很大的個體差異

這是由1981年於美國加州所發現的一隻耳朵往後翻捲的雜種流浪小貓所培育出來的品種。有長毛種和短毛種，毛色也非常齊全。

這種以耳朵往後翻捲為特徵的貓，依照外翻的程度可以分成3個階段：有點向後翻（第1階段）；往後翻的捲度明顯（第2階段）；捲度極大，從側面看呈現完整的新月型（第3階段）。

褐色虎斑＆白色

耳朵翻捲的遺傳機率大約有50％。剛出生時，外耳是筆直挺立的，生後2～10天左右就會開始翻捲，直到生後4個月捲度才會固定下來；在此之前，翻捲的程度會不斷地出現變化。個性溫順而優雅，是很親近人的貓。

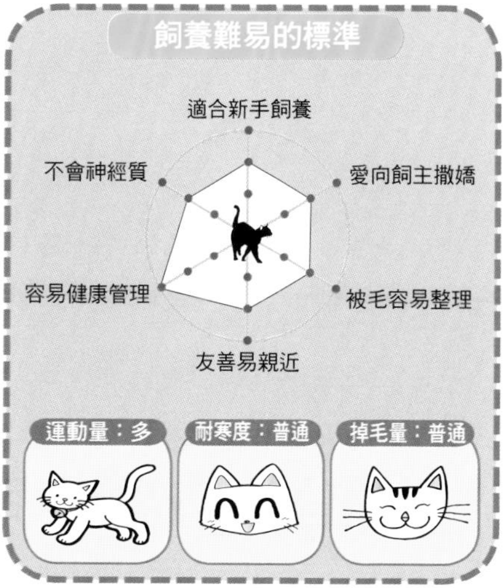

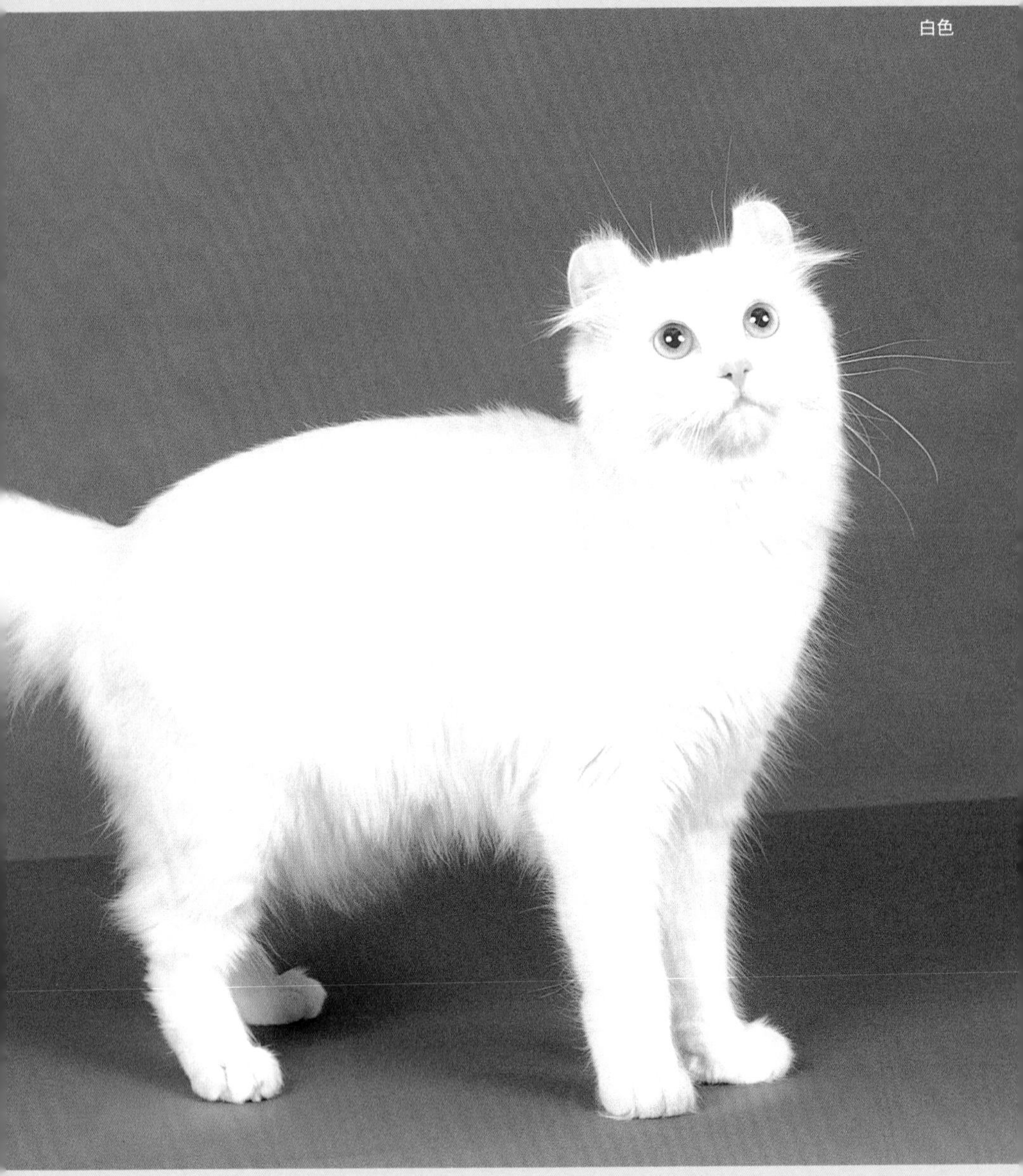
白色

褐色虎斑&白色

紅色虎斑

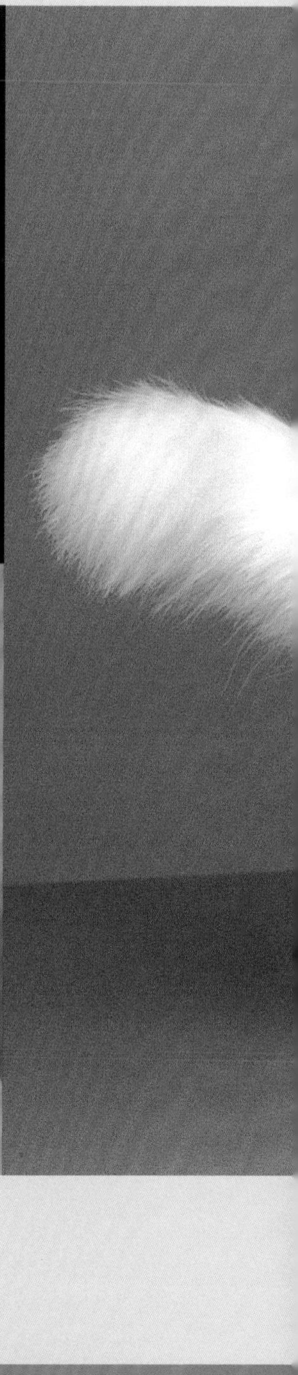

美國捲耳短毛貓

American Curl Shorthair

DATA

原產國	美國
別名	沒有
體型	半外國型
毛色	全色
體重	約6～8kg
誕生	突變產生
購買難易度	困難
價格	15萬～25萬日幣

大小：大

個性：活動力強、大膽外向

容易罹患的疾病：外耳炎

變得有點精悍的美國捲耳貓

紅色虎斑＆白色

個性和長毛種的相同

由於起源的貓具有中長毛的被毛，因此說到美國捲耳貓，一般都是指長毛種的；之後，耳朵翻捲的短毛貓也誕生了，這就是美國捲耳短毛貓。由於數量尚未多到可以做為獨立的新品種，因此目前只被認為是美國捲耳貓的短毛種。

個性和習性幾乎和長毛種的一模一樣，但由於被毛較短，日常保養時只要自行梳毛就夠了。掉毛的處理也很輕鬆，是很好照顧的貓。

紅色虎斑＆白色

並非所有美國捲耳貓的後代耳朵都會翻捲，出現翻捲的機率大約只有50%，而且被毛是長是短也不一定。所以繁殖時，美國捲耳貓到底會生出什麼樣的小貓，還真是讓人滿心期待呢！

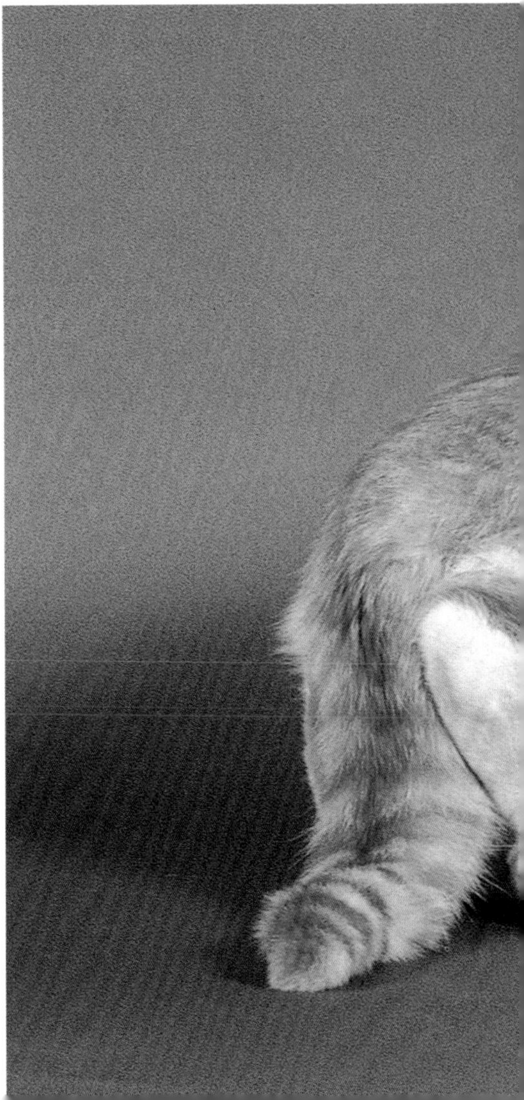

飼養難易的標準

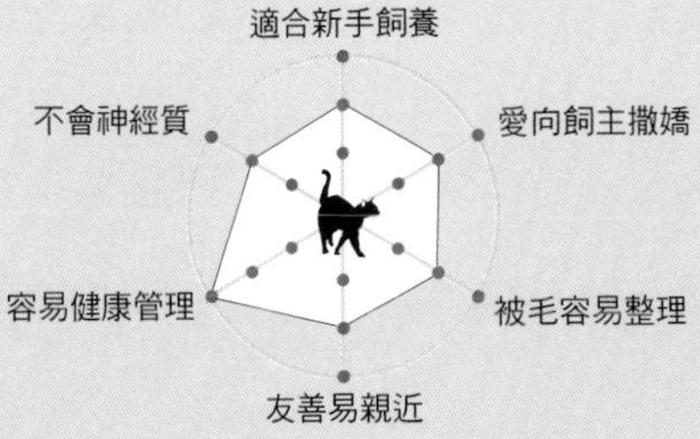

美國短毛貓

American Shorthair

DATA

原產國	美國
別名	沒有
體型	半短身型
毛色	全色
體重	約6～8kg
誕生	自然發生
購買難易度	容易
價格	8萬～20萬日幣

大小：中

個性：大膽、活潑

容易罹患的疾病：脂漏性皮膚疾病

美麗又好照顧的家庭貓，現在非常受歡迎！

小貓

非常活潑的人氣貓種

這是1980年左右開始出現在日本寵物店的貓，有個叫做「美短」的暱稱，是大家非常熟悉、很受歡迎的品種。

在日本，說到美短就會想到古典虎斑，但其他也有雙色、煙色、魚骨狀虎斑等許多毛色都有受到公認。順帶一提，在以往的人氣漫畫《貓咪也瘋狂》中，主角養的貓就是紅色虎斑的美短。

原本是頭大大的、渾身肌肉，看起來像是街上貓老大般的精悍體型，但最近寵物型的美短不僅臉變小了，體型也變得纖瘦了。

銀色古典虎斑

美短原本是在英國移民帶往美國的貓中自然發生的土著貓。由於牠的祖先直到最近都還是在街角抓老鼠的貓，因此極具適應力，是很好養的貓。只不過，因為所需運動量多的關係，如果不陪牠玩，或是一直把牠關在籠子裡的話，就會讓牠產生壓力。

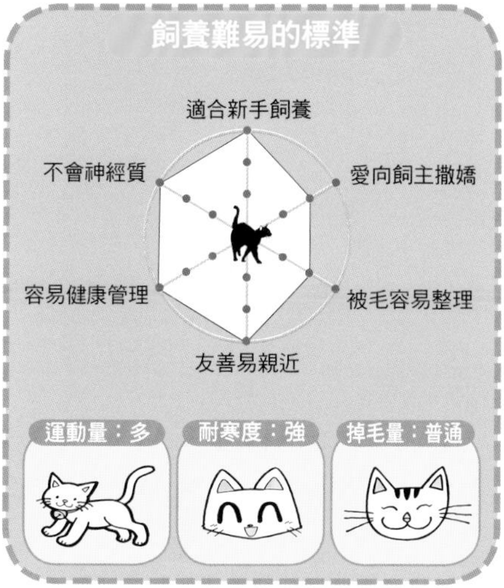

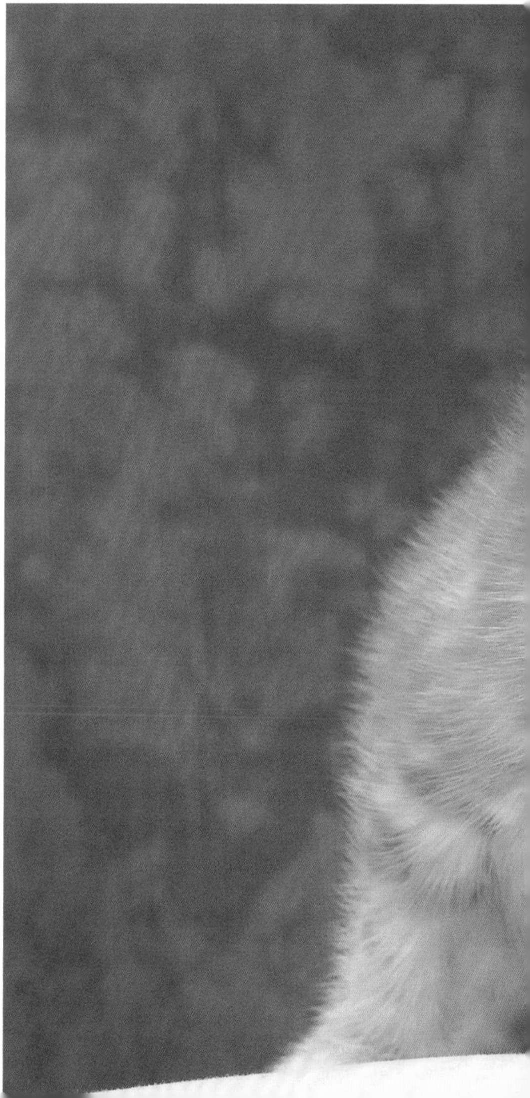

黑煙灰色

褐色古典虎斑

小貓・褐色古典虎斑

黑色＆白色

紅色古典虎斑＆白色

褐色古典虎斑

小貓・褐色古典虎斑

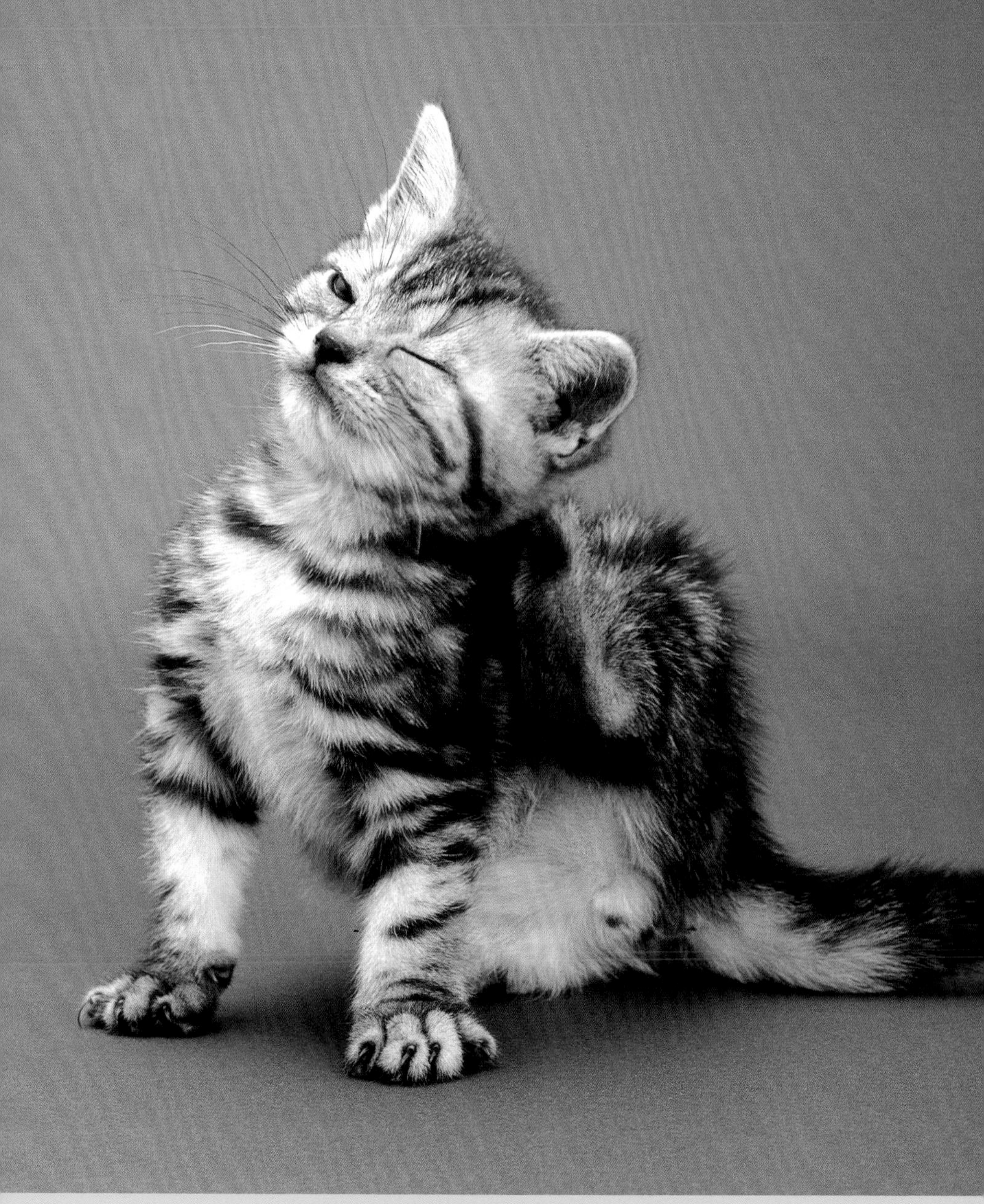

美國鋼毛貓

American Wirehair

DATA

原產國	美國
別名	沒有
體型	半短身型
毛色	全色
體重	約6～8kg
誕生	突變產生
購買難易度	困難
價格	15萬～20萬日幣

大小：中

個性：穩重、不怕生

容易罹患的疾病：皮膚病、尿路結石

從美短中誕生的、被毛像菜瓜布一樣捲曲的貓

銀色古典虎斑

傳承自美短的貓老大體型

１９６６年，在美國短毛貓夫婦所生下的一窩小貓中，有一隻因突變而讓被毛捲曲的小貓，這就是美國鋼毛貓的起源。讓這隻貓與其他美短交配後，結果確定有相當高的機率可以生出鋼毛的小貓，於是便確立成了新品種。

由於頰骨較高，因此又大又圓的眼睛看起來好像眼尾往上吊一樣。此外，捲曲的鬍鬚也是特徵之一。美國鋼毛貓的體型是傳承自美短的貓老大體型，表層毛與底層毛都是捲曲的，所以摸起來就像菜瓜布一樣又粗又硬。因此，乍看之下會給人一種粗野的感覺，但個性上卻有穩重沉著、不怕生的一面。

即便算不上是很新的品種，但卻非常有魅力，讓人納悶牠為什麼沒有像美短那樣普及。雖然外表看起來是有點奇怪的貓，但要做為家庭貓，牠的資質是非常足夠的。

玳瑁色

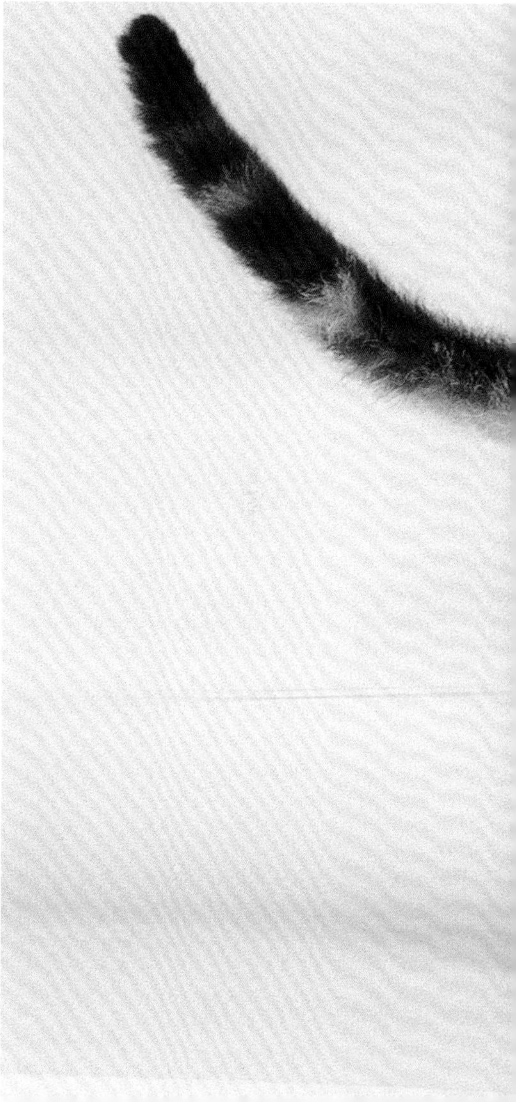

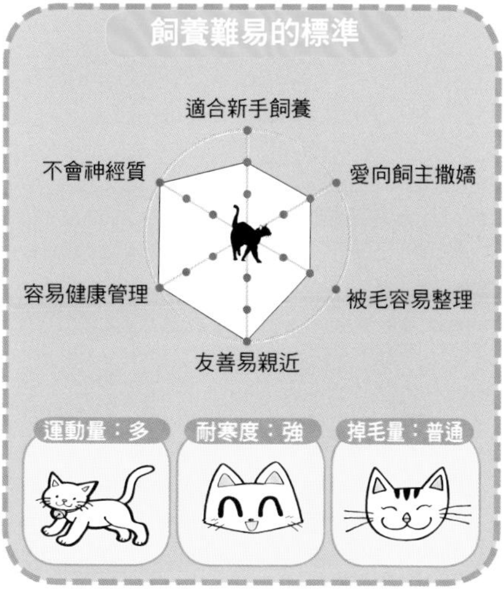

紅色古典虎斑＆白色

玳瑁色＆白色

紅色虎斑＆白色

紅色魚骨狀虎斑

異國短毛貓

Exotic Shorthair

DATA

原產國	美國
別名	沒有
體型	短身型
毛色	全色
體重	約6～10kg
誕生	人工培育
購買難易度	有點困難
價格	12萬～20萬日幣

大小：大
個性：溫和、悠哉
容易罹患的疾病：皮膚病、尿路結石

整理起來很容易，是很理想的波斯貓表兄弟

碎斑虎斑

有著波斯貓容貌的短毛種

將波斯貓可以一直抱在懷中的理想性格保留下來，並且希望可以做出擁有天鵝觸感的短被毛——異國短毛貓就在這樣的要求下於美國誕生了。

這是將波斯貓與英國短毛貓、緬甸貓、美國短毛貓等短毛種交配後培育出來的品種。

異國短毛貓直接保留了波斯貓口吻短的獨特可愛容貌，以及最喜歡被人抱、悠哉溫和的個性，被毛的整理也很容易。不僅有長毛波斯貓優雅的外貌，對於喜歡豐富表情和沉穩性格的貓咪的人，以及喜歡和貓咪抱抱的人來說，是最理想的貓。

銀色古典虎斑

較大的體型讓人感覺非常穩重，是一舉一動都很優雅的貓；但在性格上也繼承了短毛種祖先活潑的個性，因此也有較為好動的一面，是不會讓人厭煩的貓。

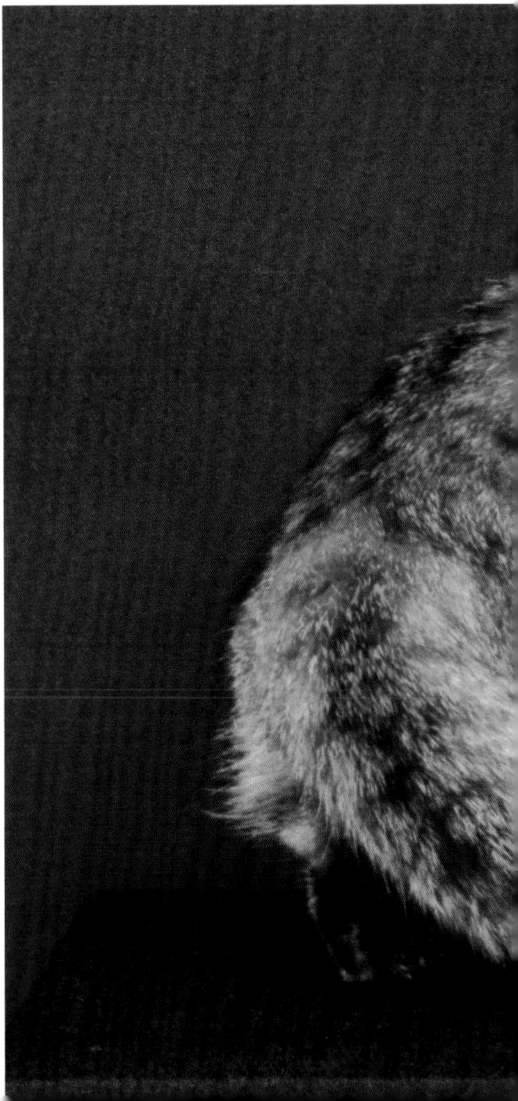

飼養難易的標準

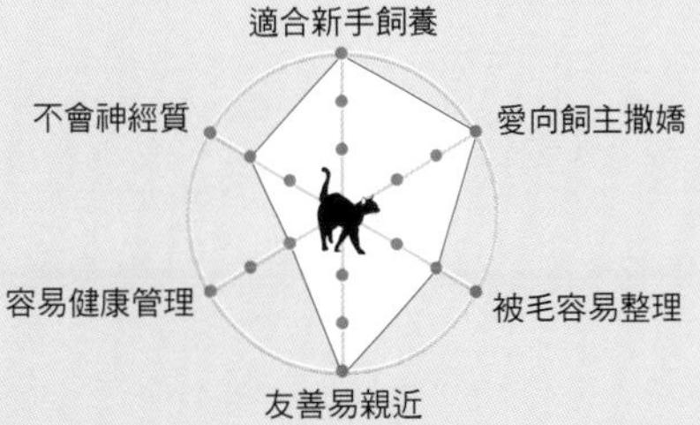

運動量：少　耐寒度：普通　掉毛量：普通

玳瑁色

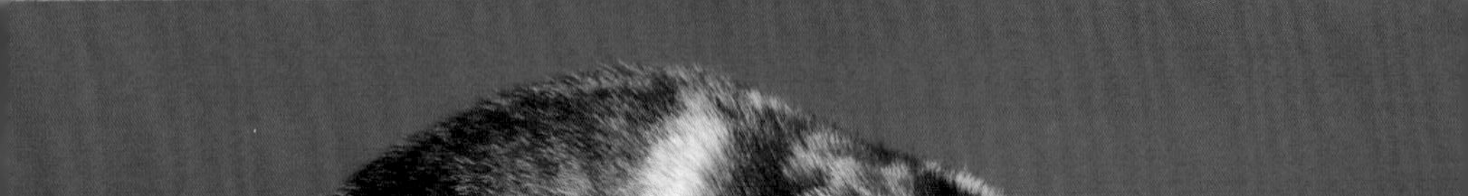

銀色古典虎斑

奶油色

黑色

埃及貓

Egyptian Mau

DATA

原產國	埃及
別名	沒有
體型	半外國型
毛色	銀色、青銅色、煙灰色斑點
體重	約4～8kg
誕生	自然發生
購買難易度	有點困難
價格	20萬～30萬日幣

大小：中

個性：怕生、安靜

容易罹患的疾病：皮膚病、尿路結石

讓人感受到古埃及的神祕貓咪

青銅色

適合沉靜家庭的貓

　埃及的土著貓中具有斑點花紋的貓被帶入義大利後，培育出來的就是埃及貓。據說，自然發生且具有斑點虎斑的貓，就只有這種貓而已。

　在自古就將貓視為神聖動物的埃及，這種毛色特殊、後來還成為阿比西尼亞貓和埃及貓原型的貓，一定是經過長久歲月細心養育出來的吧！在古埃及的壁畫中也有出現斑點花紋的貓，而繼承了這種古埃及貓血統的就是埃及貓。

黑煙灰色

　個性上有點神經質，比較怕生，也不喜歡吵雜。由於叫聲很小，較適合安穩沉靜的家庭。

　雖然有點膽小，但體型均衡勻稱，運動量也不少。說是怕生，但很喜歡和飼主一起玩，在牠熟悉的環境裡算是活潑好動的，請在不造成壓力的範圍內陪牠遊戲吧！

銀色

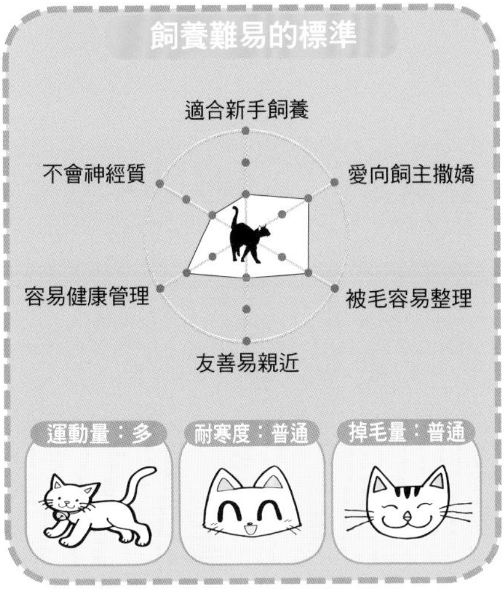

銀色

銀色

青銅色

青銅色

黑煙灰色

歐西貓

Ocicat

DATA

原產國	美國
別名	沒有
體型	體長健壯型
毛色	褐色、銀色、巧克力色、淡黃褐色等的斑點虎斑
體重	約5～8kg
誕生	人工培育
購買難易度	有點困難
價格	20萬～30萬日幣

大小：大

個性：溫和、怕生

容易罹患的疾病：皮膚病、尿路結石

冠有豹貓之名的野性貓咪

褐色

從外表看不出來的溫和貓咪

在美國，育種者想在暹邏貓身上加入阿比西尼亞貓的野鼠色，培育出野鼠重點色的貓，結果卻偶然生出了斑點虎斑的小貓。這隻貓就是這個品種的起源。之後也和美國短毛貓進行交配，才誕生了現在的歐西貓。

「Oci」指的是以美麗豹紋而聞名的野生種豹貓（Ocelot）。之所以取這個名字，是因為牠身上也有美麗的豹紋之故，並不是說牠有和豹貓交配的意思。倒不如說，由於牠是從暹邏貓、阿比西尼亞貓和美短等容易飼養的品種間培育出來的，因此不同於牠狂野的外貌，反而是非常溫和的貓。

體格健壯、骨架粗大，雖然稱不上神經質，但警戒心強，比較怕生。不過，在牠熟悉的環境裡卻非常愛撒嬌。特徵是不太會叫，就算叫了聲音也很小。

巧克力色

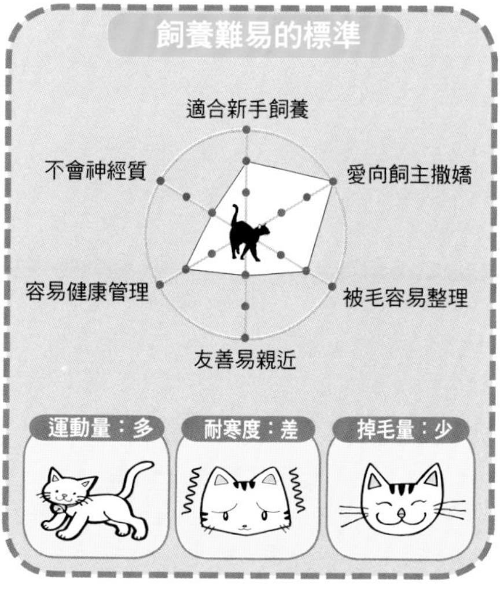

巧克力色

巧克力色

銀色

東方短毛貓

Oriental Shorthair

DATA

原產國	英國
別名	沒有
體型	東方型
毛色	單色、虎斑等，除了重點色以外的所有顏色
體重	約4～6kg
誕生	人工培育
購買難易度	有點困難
價格	8萬～18萬日幣

大小：小

個性：愛撒嬌、善妒

容易罹患的疾病：皮膚病、尿路結石

毛色豐富的暹邏貓兄弟

巧克力虎斑

充滿異國風情又優雅

在英國，將白貓與暹邏貓交配，誕生了藍色眼睛、全身純白的暹邏貓，叫做「Foreign white」。但是之後繁殖時，在白貓基因中潛藏的各種毛色基因卻表露了出來，產生了各種顏色的東方短毛貓。以往在英國被稱為「Foreign white」的藍眼白貓，現在一般也被歸類為東方短毛貓的白色種。

由於是做為貓的理想型態而完成的暹邏貓的兄弟，除掉毛色不是重點色這一點，牠充滿異國風情的姿態、優雅洗練的舉動，以及貓咪特有的任性又黏人的個性等，對於愛貓人士來說，是魅力無法擋的貓。

東方短毛貓具有理想的伴侶動物素質，還可以期待牠生出各種毛色的小貓，是很棒的品種。

黑色

柯尼斯捲毛貓

Cornish Rex

DATA

原產國	英國
別名	沒有
體型	東方型
毛色	全色
體重	約4～6kg
誕生	突變產生
購買難易度	有點困難
價格	20萬～30萬日幣

大小：小

個性：黏人、安靜

容易罹患的疾病：皮膚病、低體溫症

摸起來的觸感像天鵝絨一樣的捲毛貓

玳瑁虎斑＆白色

要注意防寒

這是由1950年誕生於英國康瓦爾郡的突變的捲毛貓所培育出來的品種。之後，在英國與緬甸貓、英國短毛貓交配；到美國後又與暹邏貓、東方短毛貓交配。不管是在英國還是在美國，柯尼斯捲毛貓的體型都是東方型，但美國版的身形改良得更細長、臉也更小一些。在日本，似乎也是以美國版的細長類型為主。

在東方型的身體上長滿特殊的捲毛，充滿了高雅的美感。同時也是貓展裡很受歡迎的品種。

柯尼斯捲毛貓的被毛沒有堅硬的表層毛，而柔軟的底層毛則因為捲曲而使得觸感就像天鵝絨一樣。原本被毛的毛量就不多，加上因為是捲毛，比較難長長的關係，所以請注意防寒。叫聲比較安靜，但不同於纖瘦的外表，卻是社交性十足、聰明活潑又愛撒嬌的貓。

藍色

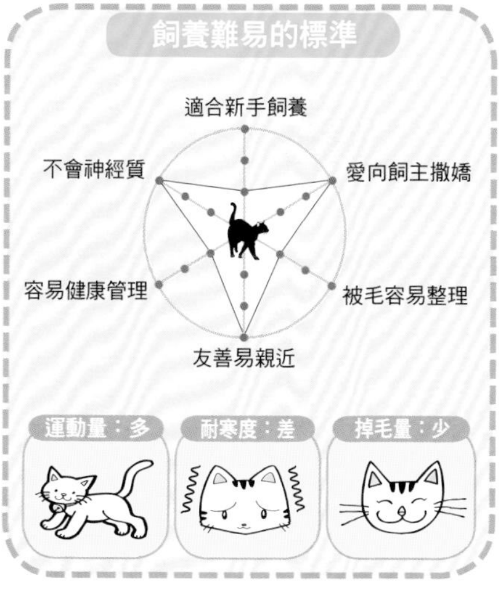

黑色＆白色

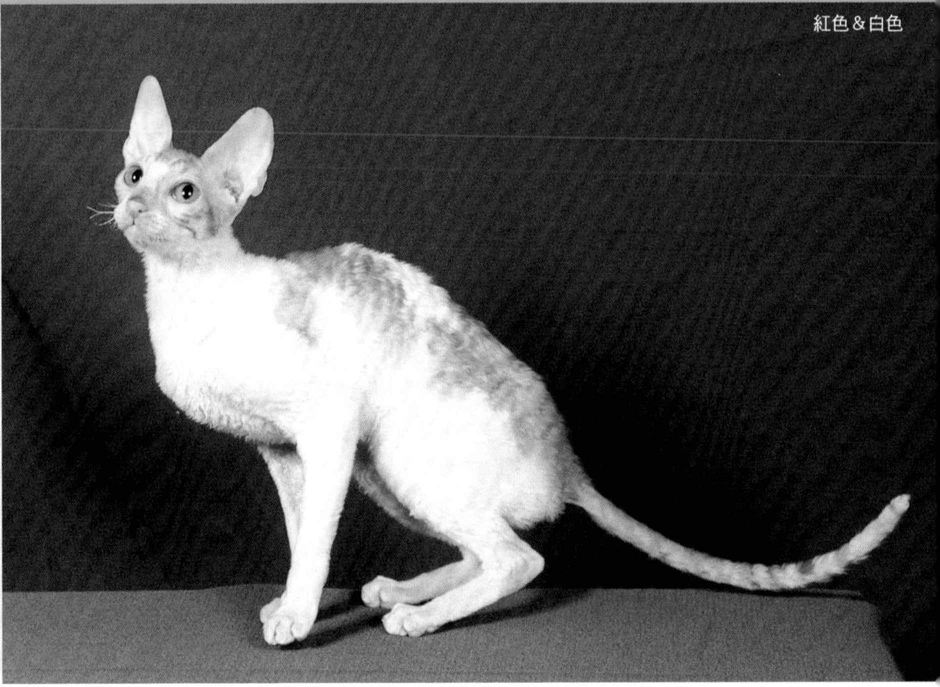

紅色＆白色

黑色＆白色

科拉特貓

Korat

DATA

原產國｜泰國
別名｜沒有
體型｜半短身型
毛色｜藍色
體重｜約4～6kg
誕生｜自然發生
購買難易度｜有點困難
價格｜18萬～25萬日幣

大小：小
個性：頑固、敏感
容易罹患的疾病：皮膚病、尿路結石

泰國王室的至寶，擁有悠久歷史的新面孔

很少掉毛的藍色系

據說是源自於泰國的阿猶他亞王朝時代，飼養於科拉特地方的銀藍色貓咪。在泰國，自古以來就被當成是「帶來幸運的貓咪」而受到重視。１９６５年在美國受到公認，讓世人重新認識這個品種。也因此，雖然牠的起源很古老，但卻是個新品種。

肌肉發達、結實穩重的體型給人強健的印象。被毛是帶有藍色的銀藍色，由於末端的銀色較明顯之故，因此會像絲緞一樣發出細緻的光澤。因為沒有底層毛，掉毛的情況比較少，因此非常推薦給「喜歡藍色系但又怕掉毛過多」的人。

藍色

當然，這種貓的魅力不是只有掉毛少而已。實際接觸就會發現，牠的個性像暹邏貓一樣愛吃醋、愛撒嬌；擁有藍色光芒的眼睛，以及優雅的舉動等等，都可以讓人慢慢感受到這種珍貴貓咪的特點。

藍色

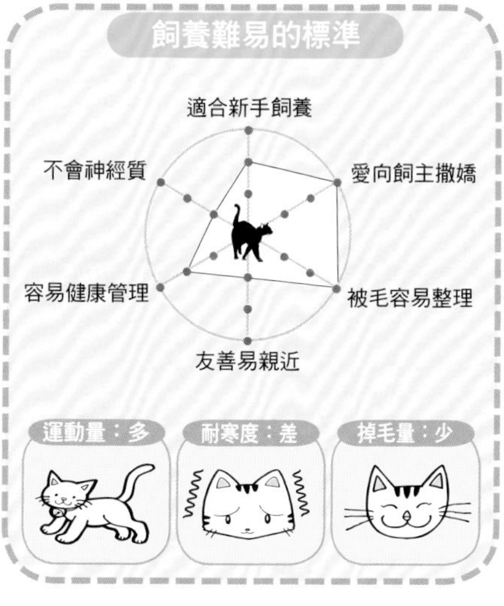

西伯利亞貓

Siberian

DATA

原產國｜俄羅斯
別名｜西伯利亞森林貓
體型｜體長健壯型
毛色｜全色
體重｜約6～10kg
誕生｜自然發生
購買難易度｜有點困難
價格｜15萬～20萬日幣

大小：大
個性：沉著冷靜、大膽
容易罹患的疾病：皮膚病、肥胖

極為耐寒，出生於西伯利亞的大貓

藍色

狩獵的事就交給牠

原文的「Siberian」就是「西伯利亞的」之意。為了適應西伯利亞嚴酷的環境，被毛豐厚的大型中長毛土著貓因而誕生。從1980年代起開始於俄羅斯進行血統管理，90年代引進美國，是頗受矚目的新品種。

在日本，挪威森林貓等自然發生又容易照顧的中長毛貓很受歡迎，西伯利亞貓也非常受到矚目。

由於品種化的時期還很短，因此保留了土著貓時代的高度適應力和思考能力，這又是另一種魅力。

紅色虎斑＆白色

因為運動量大，最好可以讓牠在寬廣的室內自由活動。狩獵能力很高，也可擔任捕鼠的工作。

被毛雖然是中長毛，但卻是由覆蓋油脂的表層毛和細緻密生的底層毛所組成的雙層被毛，看起來非常豐厚濃密。

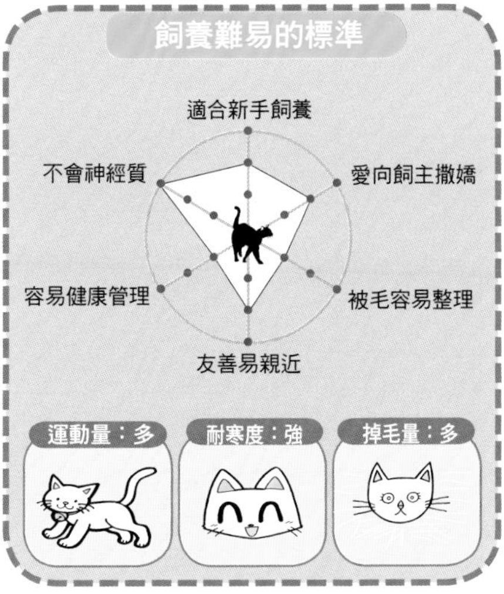

暹邏貓

Siamese

DATA

原產國	泰國
別名	沒有
體型	東方型
毛色	海豹色、巧克力色、藍色等重點色
體重	約3～6kg
誕生	自然發生
購買難易度	容易
價格	15萬～30萬日幣

大小：小

個性：愛撒嬌、我行我素

容易罹患的疾病：糖尿病、眼疾、水腦症

氣質高雅，最像貓的貓中之王

海豹重點色

我行我素的性格也是魅力之一

和波斯貓成為2大指標，是全世界最受喜愛的有名貓種。

暹邏貓的祖先是泰國王室所飼養的、不出門外的貓。由於原產於溫暖的地區，因此沒有底層毛，較不耐寒，但很少掉毛，管理上很輕鬆。

紫丁香重點色

不同於其高雅的外貌，也有好奇心旺盛的一面，會活潑地四處跑動。想和飼主撒嬌時，會發出如響鈴般的大聲鳴叫，跟在飼主身邊繞來繞去，不允許飼主注視自己以外的事物；而當牠興趣缺缺時，卻會一溜煙就跑掉。也因此，暹邏貓被稱為是最像貓的貓。

剛出生時全身是雪白的，隨著日漸成長，耳朵、尾巴、四肢等身體末端會逐漸出現深色的重點色。大約了到1歲左右，整個重點色就會清楚地呈現出來了。

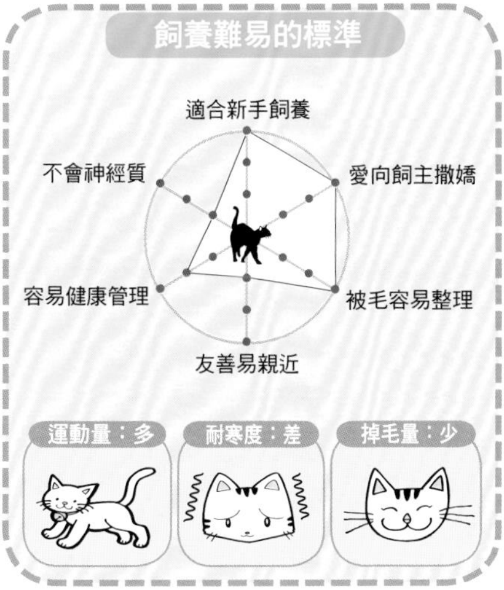

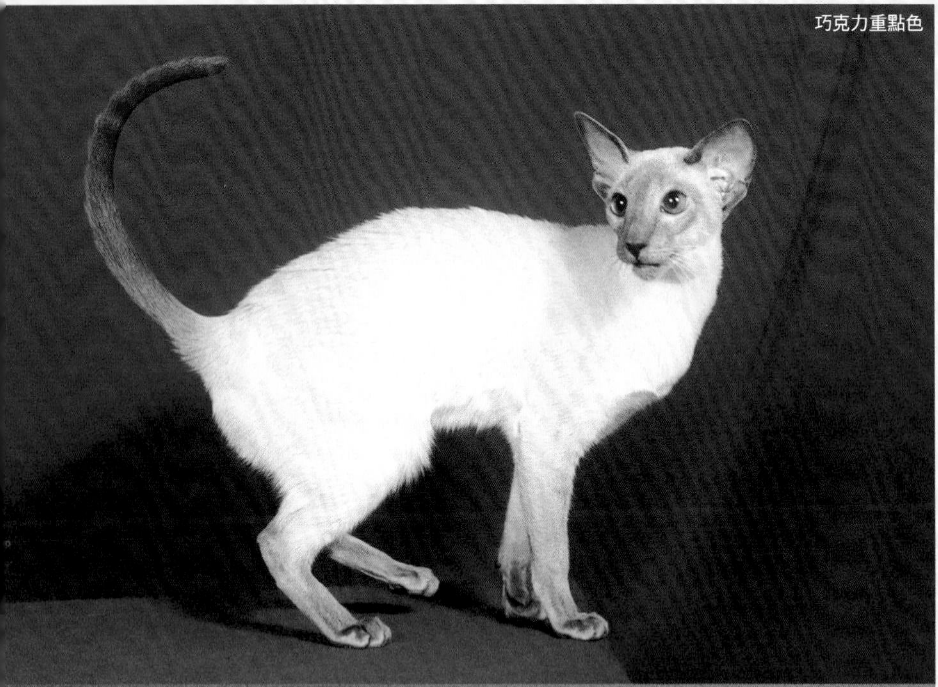

巧克力重點色

海豹重點色

海豹重點色

巴里貓

Balinese

DATA

原產國｜泰國
別名｜沒有
體型｜東方型
毛色｜海豹色、巧克力色、藍色等重點色
體重｜約3～6kg
誕生｜突變產生
購買難易度｜容易
價格｜10萬～18萬日幣

大小：小
個性：愛撒嬌、我行我素
容易罹患的疾病：皮膚病、眼疾

在最美麗的貓身上添加優雅，是長毛的暹邏貓

海豹重點色

有如巴里島舞孃般的走路方式

暹邏貓有時會出現突變的中長毛種，由於並沒有受到認可，因此有很長一段時間都沒有用來交配。不過，隨著大家重新注意到中長毛暹邏貓的魅力，巴里貓也就因而誕生了。

這個名字的由來，是因為這種貓看起來就好像巴里島的舞孃一樣。暹邏貓的走路方式很特別，牠們會將尾巴和屁股抬得高高的，彷彿流動般地走路；如果是長毛種的話，看起來就更像是在優雅地跳舞了。

海豹重點色

中長毛種的被毛長度也有個體差異，主要是尾巴和頸圈附近的毛會比較長。和暹邏貓一樣，是沒有底層毛的絲狀被毛，在梳毛和掉毛的管理上雖然輕鬆，但卻非常怕冷。

和暹邏貓一樣，個性非常活潑又愛撒嬌，現在則被認為是比暹邏貓還要更溫和的貓。

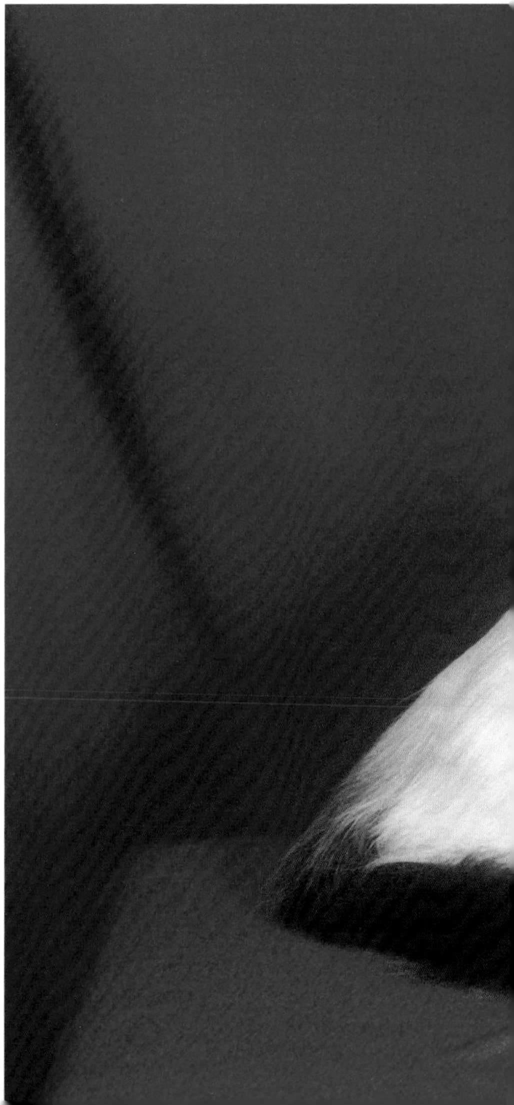

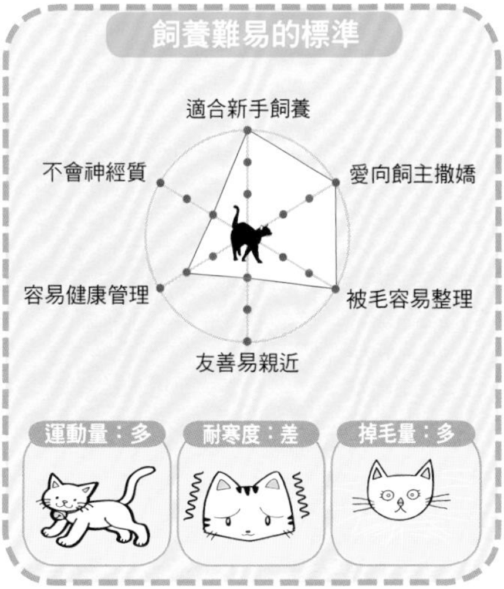

日本短尾貓

Japanese Bobtail

DATA

原產國	日本
別名	和貓
體型	外國型
毛色	單色、雙色、三色等多數
體重	約4～6kg
誕生	自然發生
購買難易度	有點困難
價格	5萬日幣～

大小：中

個性：不怕生、活潑

容易罹患的疾病：皮膚病、尿路結石

從美國反銷回日本的、大家熟悉的日本貓

三色

安靜又親切的貓

１９６８年，來到美國的一對日本土著貓生出了尾巴極短，只有５公分左右的小貓，就是這個品種的起源。

日本的貓大約從１０００年前起，就被用來看守重要的佛教經典，以免遭受鼠害。剛開始是隨著佛教東傳而從中國引進日本的，此後將近有１０００年的時間都在日本國內維持血統，這種貓就是日本短尾貓的原型。以三色為始，毛色非常豐富；雖然被毛較短，但觸感卻非常柔軟。

三色

短尾巴的三色貓在日本是隨處可見的貓，但在歐美卻很罕見，因此在海外備受重視。

日本貓對任何人都親切以待的個性、高度的適應能力，以及溫和穩重的氣質等，讓牠成為好養好照顧的貓，也因此才會廣受歡迎吧！雖然是世界知名的日本貓，但在日本或許是因為太常見的關係，至今一直無法成為當紅的貓種。

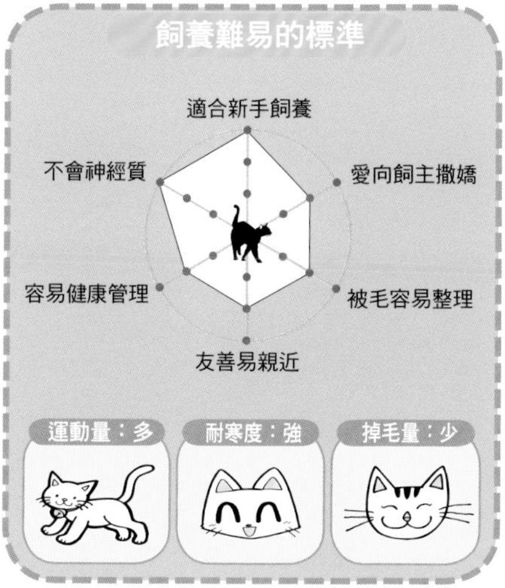

卡爾特貓

Chartreux

DATA

原產國	法國
別名	沒有
體型	半短身型
毛色	藍色
體重	約4～8kg
誕生	人工培育
購買難易度	有點困難
價格	15萬～20萬日幣

大小：中

個性：適應力佳、穩重

容易罹患的疾病：皮膚病、尿路結石

充滿法國人的愛國心與法國精神的贈禮

藍色

在瀕臨絕種時再度復活的貓

　這是由法國的卡爾特派僧侶從北非帶回來、飼養於卡爾特修道院的貓，因為牠身上光澤閃耀的被毛就跟僧侶穿著的服裝一樣美麗，而得此名。

　卡爾特貓過去曾是備受喜愛的法國家庭貓，因為美麗的藍色皮毛非常珍貴，所以屢遭捕獲而瀕臨絕種的危機。二次世界大戰後，就在即將滅絕之際，人們將牠與英國短毛貓交配，而重新復活成了現在體格強健、肌肉發達的面貌。牠的個性溫和，叫聲很小，是很安靜的貓。

　在歐美，由於喜愛該國土著貓的育種者的努力，像是卡爾特貓、英國短毛貓、俄羅斯藍貓等美麗的土著型貓咪，都有確實地進行血統管理，小心翼翼地保護著。

藍色

新加坡貓

Singapura

DATA

原產國	新加坡
別名	下水道貓
體型	半短身型
毛色	暗褐野鼠色
體重	約2～4kg
誕生	自然發生
購買難易度	困難
價格	15萬～20萬日幣

大小：小

個性：安靜、神經質

容易罹患的疾病：皮膚病、壓力性疾病

是最小也是最安靜的貓

暗褐野鼠色

非常適合日本的居住環境

1970年代，美國的育種者在新加坡街頭發現的暗褐色貓咪，就是新加坡貓的起源。

號稱是體型最小的貓，母的成貓也大約只有2公斤而已，屬於小型種。乍看之下很像是阿比西尼亞貓，但被毛較短，就像絲絹一樣光滑，柔順地覆蓋住整個身體。

由於這種貓的祖先過去在新加坡是將其嬌小的體型發揮至最大極限、主要生活在下水道（下水溝）的野貓，因此在當地也被稱為「下水道貓」。但是現在牠的身影已經絲毫感受不到那種印象了，反而充滿了優雅、美麗高貴的氣質。

個性乖巧溫順，平常很少發出叫聲，甚至被稱為「不會叫的貓」，就算叫了聲音也很小。大大的眼睛和獨特的野鼠色被毛非常有魅力。

暗褐野鼠色

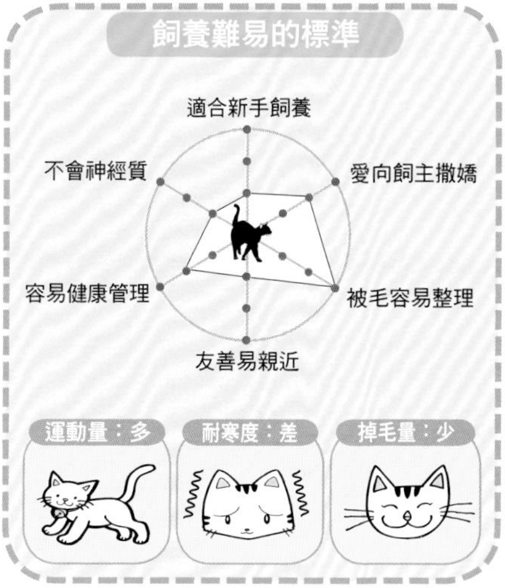

暗褐野鼠色

暗褐野鼠色

暗褐野鼠色

暗褐野鼠色

斯庫坎貓

Skookum

DATA

原產國	美國
別名	沒有
體型	半外國型
毛色	全色
體重	約4～6kg
誕生	人工培育
購買難易度	有點困難
價格	未販售

大小：中

個性：好動、活潑

容易罹患的疾病：皮膚病、關節病

最新突變種所產下的結晶，即將引爆新風潮

玳瑁色

雖然腿很短，運動量卻很大

這是將生於美國、突變產生波浪長毛的法拉毛貓，以及突變的短腿貓曼赤肯貓交配後，所誕生的短腿捲毛、像妖精一樣特別的貓。牠滑稽的短腿和氣質優雅的波浪狀被毛，讓人不禁要看得入迷呢！

法拉毛貓和曼赤肯貓都算是比較少見的新品種，所以斯庫坎貓目前還是許多團體尚未公認的新面孔。由於法拉毛貓和曼赤肯貓都是活潑愛玩又不怕生的個性，因此繼承了這些優點的斯庫坎貓雖然長相奇特，卻是具有高度適應能力，讓人非常快樂的貓。就算腿短，依舊充滿活力，需要較多的運動量。

由於是新的貓種，數量稀少，而且各種遺傳上的問題也正在檢驗當中，要購買或育種都實屬不易，但牠超級獨特的長相一定會在日後成為人氣品種的。

玳瑁色

飼養難易的標準

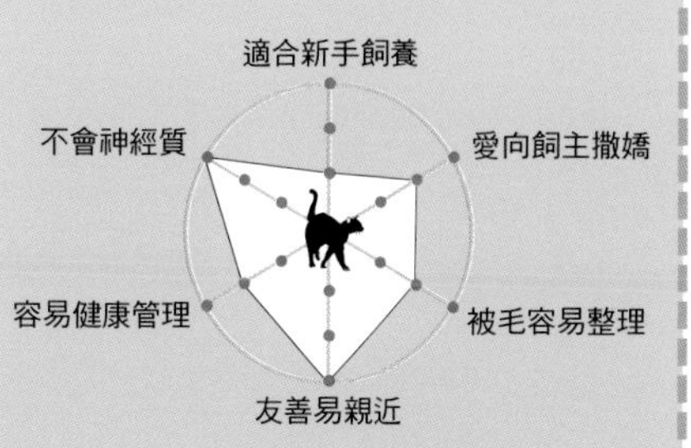

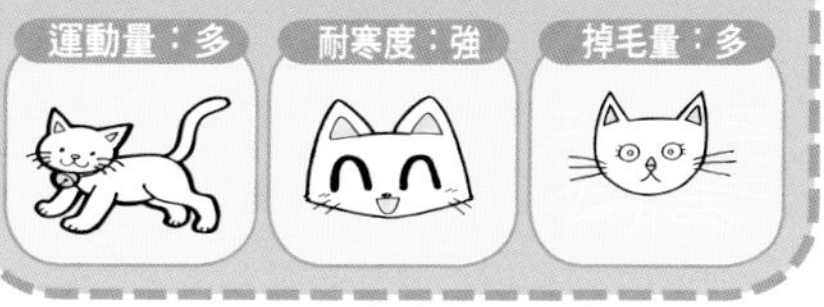

蘇格蘭摺耳貓

Scottish Fold

DATA

原產國	英國
別名	沒有
體型	半短身型
毛色	全色
體重	約4～7kg
誕生	突變產生
購買難易度	容易
價格	15萬～25萬日幣

大小：中

個性：溫和穩重、容易照顧

容易罹患的疾病：關節疾病、爪形成不全、外耳炎

看起來就像哆啦A夢一樣，有著可愛摺耳的貓咪

小貓・玳瑁虎斑＆白色

在寵物店裡也是超人氣

在蘇格蘭農家裡飼養的貓所產下的小貓中，有一隻突變而讓耳朵下垂的小貓「蘇西」，就是蘇格蘭摺耳貓的起源。「Fold」就是摺疊的意思。之後，與英國短毛貓進行交配，而成為目前我們所看到品種。

雖然我們很容易將目光的焦點放在牠下垂的耳朵和像在撒嬌般的雙眼上，但仔細一看卻可以發現，牠除了有圓臉和豐潤的臉頰外，還有肌肉發達的體格。由於被毛短而密生的關係，也非常耐寒。

在剛被引進日本時，大家都只注意到牠突變而摺疊的耳朵，但牠惹人憐愛的表情、溫順乖巧又容易飼養的個性也逐漸獲得肯定，而成為現今最受歡迎的貓種之一。

在出生的小貓中，出現耳朵摺疊的機率約有30％。據說依照其所受的壓力和身體狀況的不同，在成長途中也可能會立起來。

褐色古典虎斑

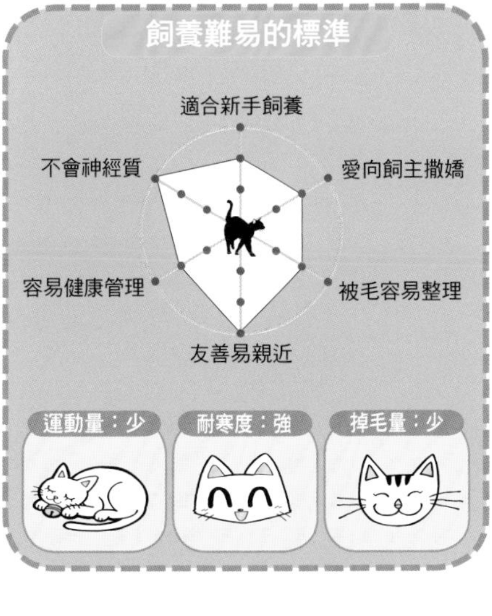

藍色

紅色虎斑&白色

小貓・白色

黑色＆白色

蘇格蘭摺耳長毛貓

Longhair Scottish Fold

DATA

原產國	英國
別名	沒有
體型	半短身型
毛色	全色
體重	約4～7kg
誕生	突變產生
購買難易度	困難
價格	未販售

大小：中

個性：溫和穩重、容易照顧

容易罹患的疾病：關節疾病、爪形成不全、外耳炎

可愛的蘇格蘭摺耳貓之優雅長毛版

小貓・褐色魚骨狀虎斑＆白色

長毛型的誕生極為罕見

這是蘇格蘭摺耳貓有時會產生的長毛型。據說是因為「蘇西」原本就擁有長毛基因的關係。

由於蘇格蘭摺耳貓的短毛型耳朵摺疊的機率只有30%，數量已經不多了，還要從中產生漂亮的長毛型，機率就更小了。即便如此，因為很受市場歡迎，所以也有專家正熱心地繁殖中。

其中也有中長毛型的，但相較之下，長毛型的貓繼承了蘇格蘭摺耳貓有彈性的毛質，整體的被毛看起來會更加蓬鬆而華麗。

特別是頸圈和尾巴的被毛，充滿了奢華感。只不過，如果是耳朵沒有確實摺疊的個體，只下垂到一半的情況可能會更加顯眼。

紅色虎斑&白色

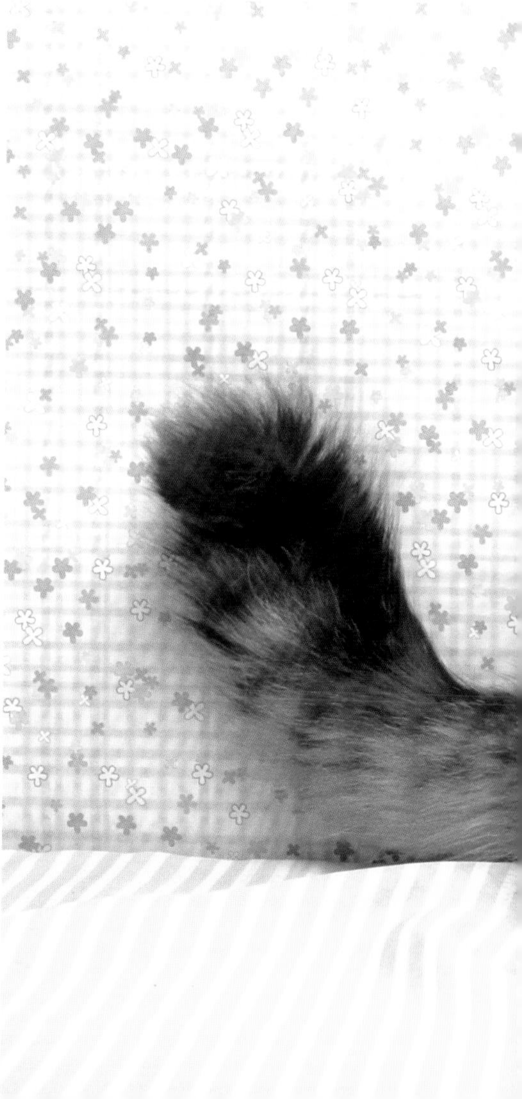

飼養難易的標準

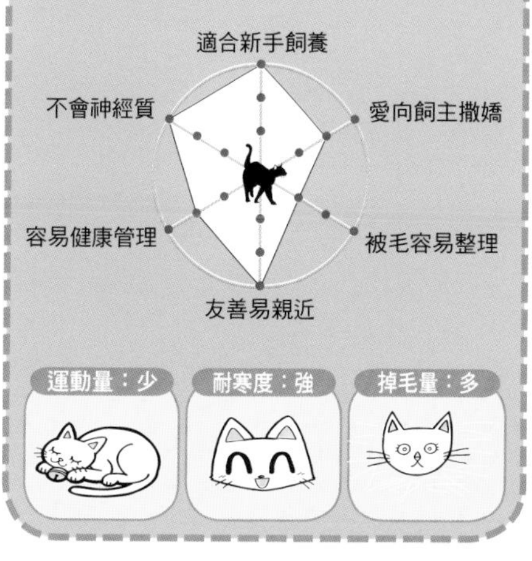

銀色虎斑＆白色

古典虎斑＆白色

紅色魚骨狀虎斑

銀色陰形色

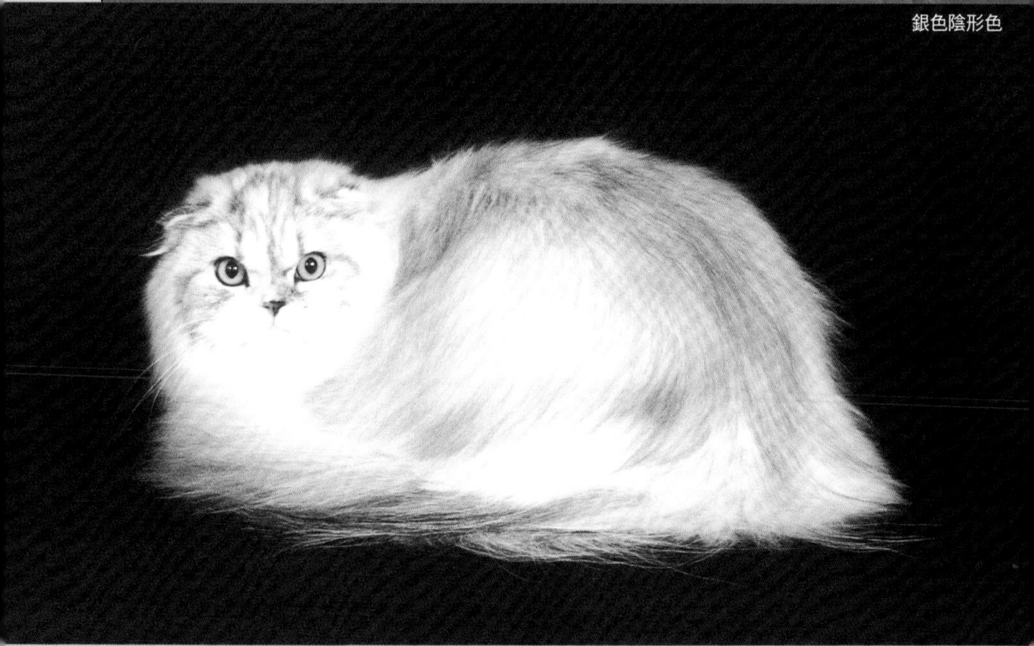

斯芬克斯貓

Sphynx

DATA

原產國	加拿大
別名	加拿大無毛貓
體型	半外國型
毛色	全色
體重	約4～7kg
誕生	突變產生
購買難易度	困難
價格	20萬～30萬日幣

大小：中

個性：懂事、好奇心旺盛

容易罹患的疾病：皮膚病、低體溫症

最不可思議的神祕裸貓

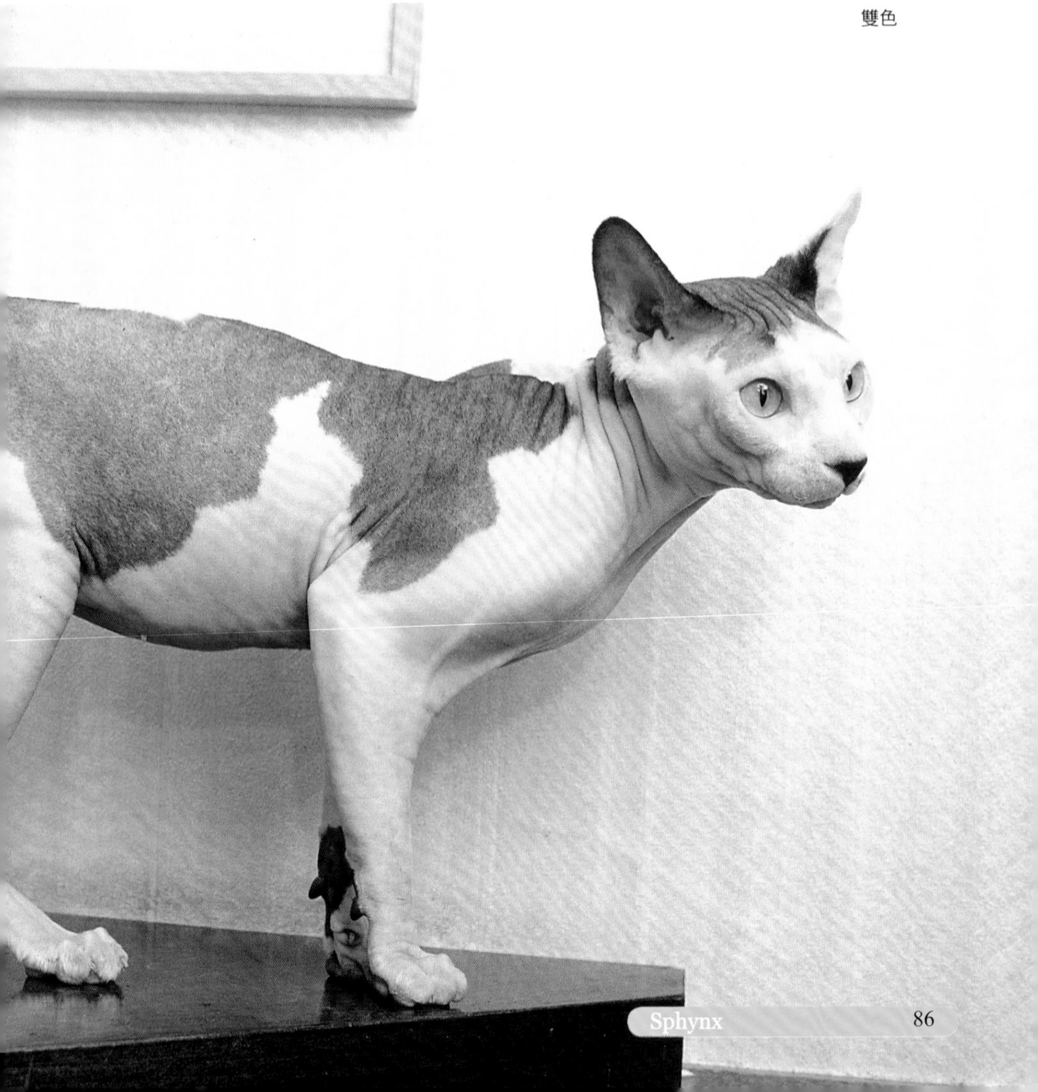

雙色

以室內單獨飼養為基本

身為無毛的珍奇貓咪，經常可以在電視上看到牠的身影。在沒有毛的身體上，有著滿佈皺紋的三角形小臉和大大的耳朵，簡直就像E・T一樣。

雖然看起來像是光禿禿的，但其實牠身上有薄薄覆蓋一層柔軟的絨毛。就如同大多數無毛的動物一樣，因為沒有被毛的關係，反而會有發達的皮脂腺分泌出獨特的脂質，讓牠的皮膚摸起來非常滋潤，而這也是牠的魅力之一。

白色

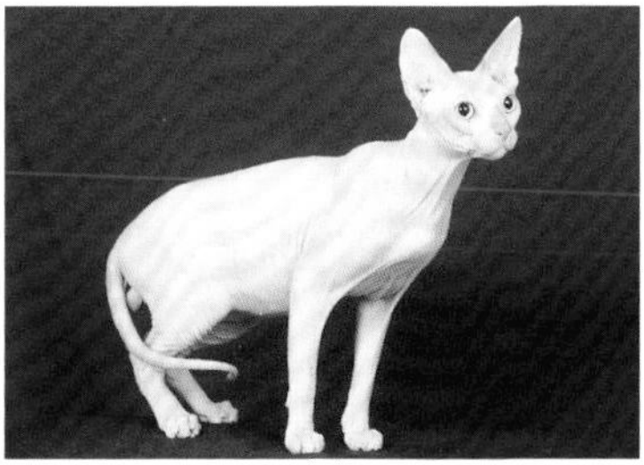

由於缺乏保溫效果高的被毛，所以不耐冷也不耐熱，而清除皺摺間髒污的保養手續也是不可或缺的。

另外，牠並不像外表一樣脆弱又神經質，而是有旺盛的好奇心，即便攝影鏡頭對準牠，牠也毫不懼怕地想上前一探究竟。

要注意的是，由於沒有做為保護的被毛，稍微和其他貓咪玩鬧一下都可能會受傷。也因此，飼養這個品種時基本上最好不要與其他貓咪接觸，只在室內單獨飼養為佳。

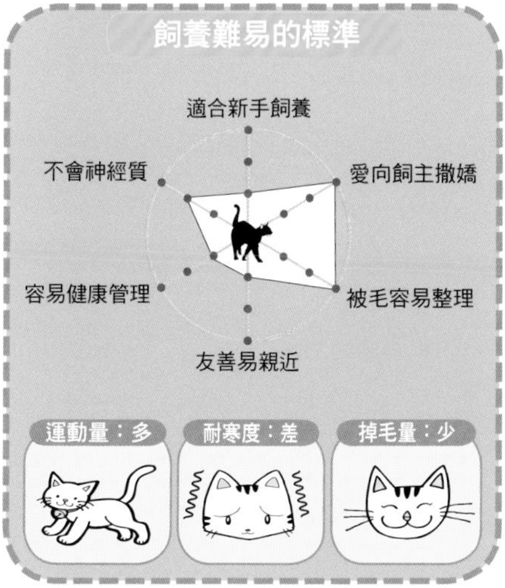

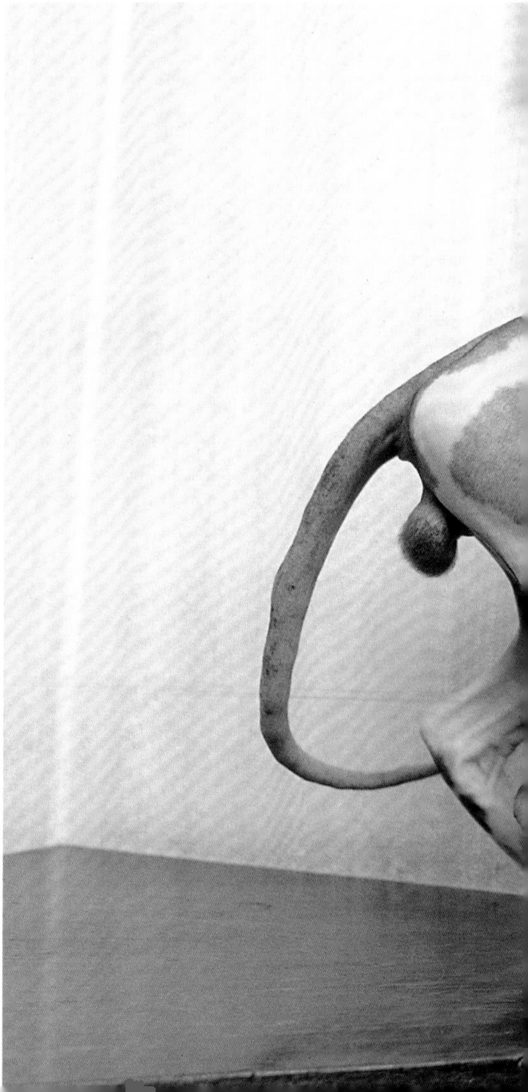

非常不耐寒，冬天時不妨為牠穿上衣服

玳瑁色＆白色

玳瑁色＆白色

塞爾凱克捲毛貓

Selkirk Rex

DATA

原產國	美國
別名	沒有
體型	半短身型
毛色	全色
體重	約4～7kg
誕生	突變產生
購買難易度	困難
價格	未販售

大小：中

個性：溫和、有忍耐力

容易罹患的疾病：皮膚病、尿路結石

突變而產生的、體型健壯的捲毛貓

白色

身為第3種捲毛貓而受到矚目

1987年，美國蒙大拿州的寵物收容中心誕生了一隻突變的捲毛貓，就是這個品種的起源。後來就以收容中心附近的塞爾凱克山來為這個貓種命名。

這是繼柯尼斯捲毛貓、德文捲毛貓後的第3種捲毛貓，是目前很受矚目的新品種。相對於前2種捲毛貓都是較為纖細的體型，塞爾凱克捲毛貓則是肌肉發達又具有重量感的半短身型。不過相較於其他沒有底層毛的捲毛貓，雖然比較耐寒，但相反地在掉毛的管理上也就沒那麼輕鬆了。

由於最初在收容中心出生的貓就擁有長毛的基因，因此也有中長毛或長毛的塞爾凱克捲毛貓。長毛種的被毛看起來與其說是捲毛，倒不如說是像波浪一樣，別有一番不同的魅力。

白色

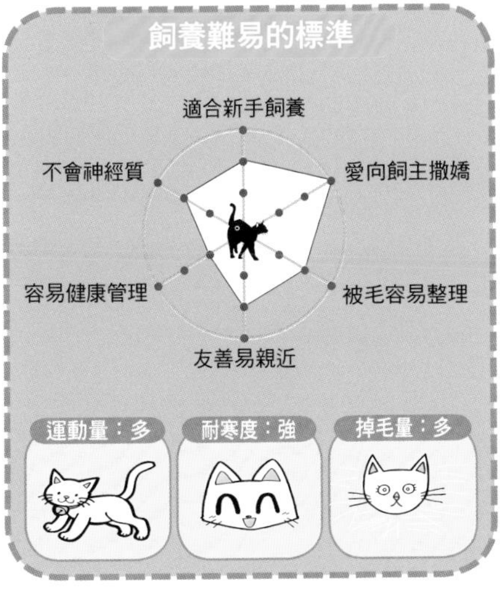

土耳其安哥拉貓

Turkish Angora

DATA

原產國	土耳其
別名	沒有
體型	東方型
毛色	單一色、雙色、三色、虎斑等
體重	約4～6kg
誕生	自然發生
購買難易度	困難
價格	15萬～30萬日幣

大小：小

個性：活動力強、黏人

容易罹患的疾病：皮膚病、尿路結石

重新復活的土耳其・安哥拉的純白貓咪

白色

雖然是長毛，被毛的管理卻很輕鬆

這種貓的祖先是在安哥拉（現在的土耳其）的安卡拉一帶被飼養的土著貓。在中世紀的土耳其，長毛的動物都很受到重視，安哥拉兔也是源自於土耳其的，因此據說過去的歐洲人都認為，安哥拉地方一定有什麼特殊的祕密可以讓動物的被毛變長。

白色

安哥拉貓在17世紀時被引進歐洲，成為人氣品種，但因為不斷與波斯貓進行交配，原本纖瘦的體型已經不見蹤影，幾乎就快要絕種了。之後出現兩種說法，一種說是由於安哥拉動物園的繁殖計畫，使得土耳其安哥拉貓再度復活；另一種則說是歐美的育種者將貓從土耳其進口的關係。但不管怎麼說，最後都是以東方型的體型重見天日的。

牠瘦長的身體上有著觸感像絲緞般的長毛，因為沒有底層毛，毛量較少，因此管理起來很輕鬆。個性活潑，走起路來非常優雅，是很好養的貓。

土耳其梵貓

Turkish Van

DATA

原產國	土耳其
別名	游泳貓
體型	體長健壯型
毛色	只在頭頂與尾巴有花紋。紅色、奶油色、虎斑等梵色型態
體重	約4～8kg
誕生	自然發生
購買難易度	困難
價格	未販售

大小：中

個性：敏感、愛玩

容易罹患的疾病：皮膚病、外傷

具有野生血統，傳說中最喜歡玩水的貓

赤褐色

肌肉發達，運動神經超群

原產地是在土耳其的梵湖周邊，不同於一般怕水的貓，牠好像很舒服地在湖中游泳，因而廣為人知；但做為寵物而繁殖的個體就不一定擅長游泳了。梵湖原本就是位於內陸的鹽水湖，浮力比較大，或許是活潑又愛玩的貓一時貪玩，跑進湖中游泳時剛好被人目擊，才有了這樣的傳說也說不定。

比起喜歡水的傳說，要辨別梵貓，還可以從梵色型態——除了頭頂和尾巴以外皆為白色——的這種特徵花紋來看。這種花紋雖然少見於其他地區，但在土耳其卻是經常可見的花紋。

充滿肌肉的體型，運動神經也非常發達。外表雖然是優雅的長毛種，但喜歡與人親近，是調皮愛玩又活動力旺盛的貓。由底層毛較少，因此具有防水性的絲狀被毛在管理上很輕鬆。在日本的數量稀少，是可以輕鬆飼養的長毛貓。

赤褐色

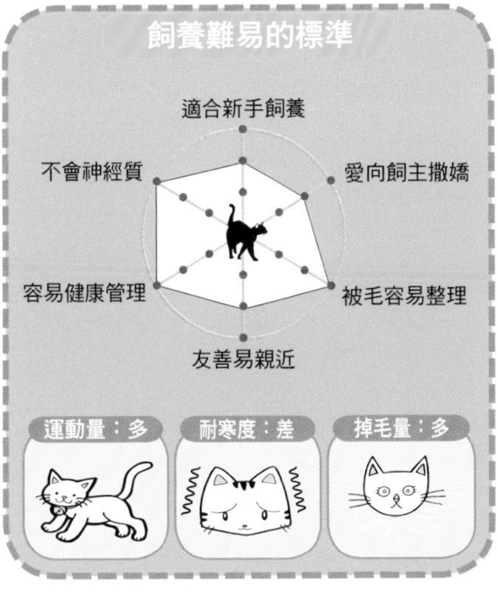

德文捲毛貓

Devon Rex

DATA

原產國	英國
別名	貴賓貓
體型	半外國型
毛色	全色
體重	約3～6kg
誕生	突變產生
購買難易度	有點困難
價格	15萬～25萬日幣

大小：小

個性：好奇心旺盛、表情豐富

容易罹患的疾病：皮膚病、壓力性疾病

有著大大耳朵和捲曲被毛的藍貓

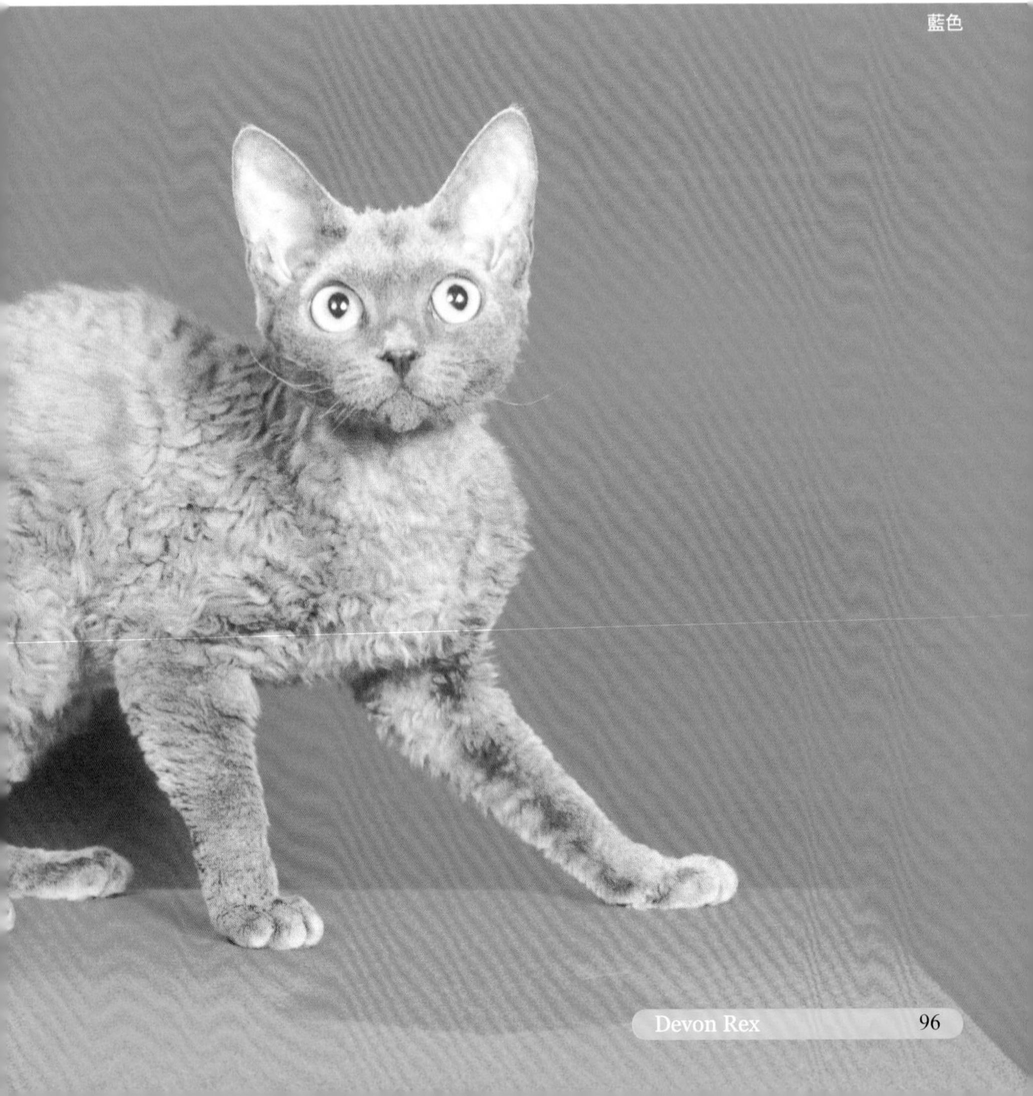
藍色

捲毛是來自於隱性基因

這是由在英國的德文郡被發現的、因為突變而擁有一身捲毛的貓所培育出來的捲毛品種。

乍看之下和柯尼斯捲毛貓很類似，但德文捲毛貓的骨架更粗，有著大而分離的雙耳和大眼睛；如果並排在一起，就能清楚分別牠們之間的差異。此外，德文捲毛貓具有柔軟的表層毛和底層毛，而在捲曲度上，德文捲毛貓的捲度也比較緩和。

奶油色

在培育品種時，曾經與柯尼斯捲毛貓嘗試交配，但所產下的小貓卻全部都是直毛，因此確認了牠和柯尼斯捲毛貓不一樣，是由隱性基因來控制捲毛的。

不同於外表，有著旺盛的好奇心，高興時甚至會搖尾巴，表情非常豐富。由於一身捲毛和開朗的個性，而有「貴賓貓」的外號。雖然也有神經質又膽小的一面，但那只限於面對不熟悉的環境和陌生人而已。

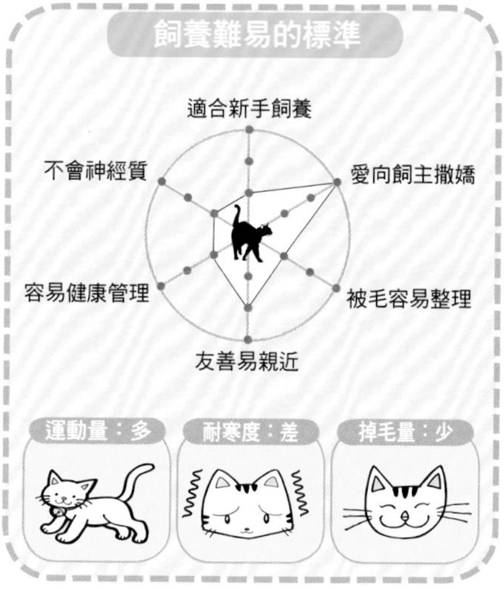

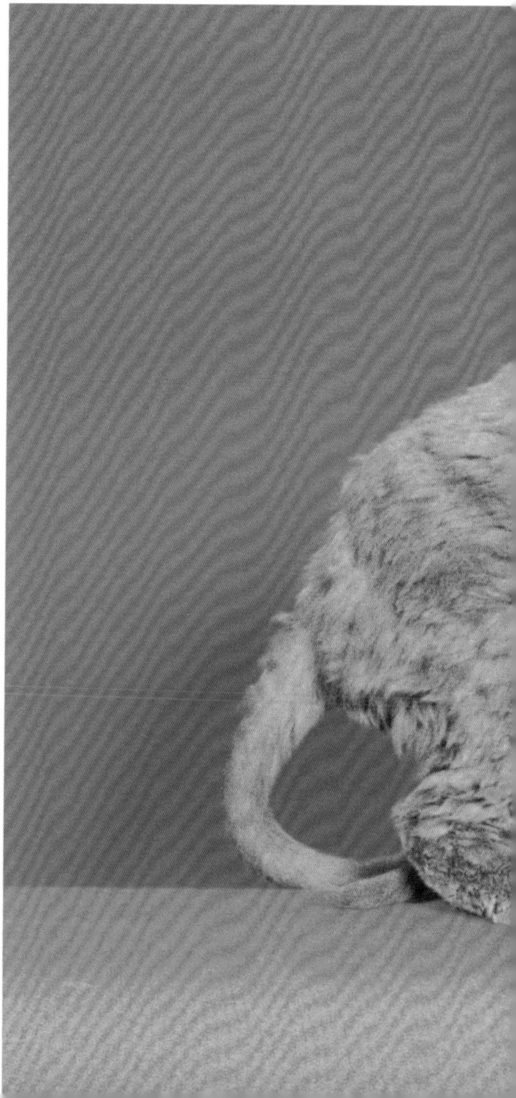

藍色

白色

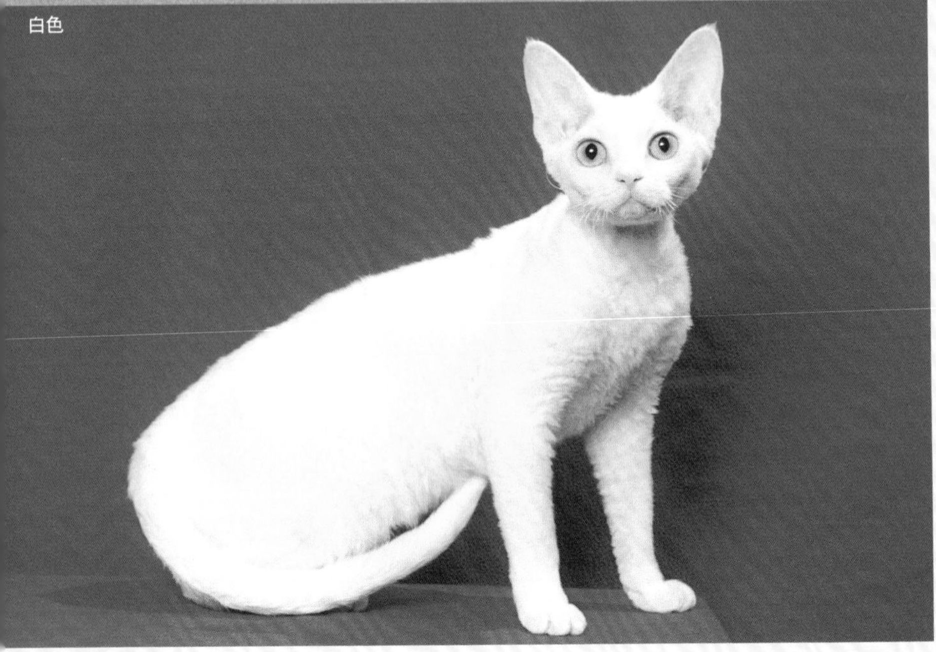

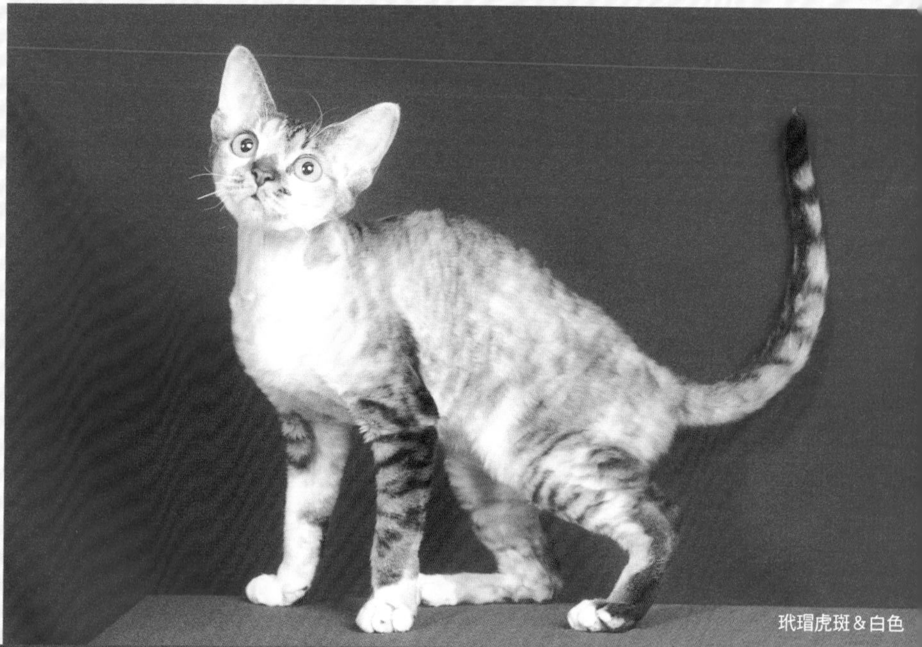

玳瑁虎斑＆白色

藍色

東奇尼貓

Tonkinese

DATA

原產國	美國、加拿大
別名	沒有
體型	半外國型
毛色	白金色、自然貂色、香檳色等
體重	約3～6kg
誕生	人工培育
購買難易度	有點困難
價格	未販售

大小：小

個性：情感豐富、有協調性

容易罹患的疾病：皮膚病、尿路結石

緬甸貓與暹邏貓結合而成的人氣品種

巧克力色

不會怕生的可愛貓咪

這是以擁有暹邏貓的重點色和緬甸貓那具有獨特光澤的美麗被毛為目標所培育出來的新品種。

東奇尼貓的誕生有各種說法，但較可靠的說法是，據說牠是由美國與加拿大各自進行育種，直到可以在貓展上亮相後才受到公認的。只不過，由於是新品種的關係，也有一些團體尚未加以認可。

東奇尼貓的魅力當然就在於那被稱為貂色或香檳色、具有獨特色調的重點色了；而在體型上，則是多數人都比較容易接受的圓臉，以及介於亞洲型與東方型之間的半外國型。

在性格上，繼承了暹邏貓情感豐富與緬甸貓愛玩外向的一面，而成為不會怕生的可愛貓咪。

若能加以推廣的話，牠可說是具有能夠爬上短毛種顛峰的可能性呢！

自然貂色

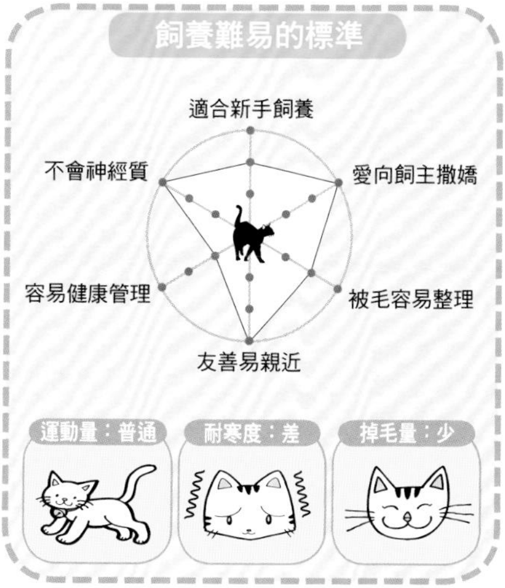

挪威森林貓

Norwegian Forest Cat

DATA

原產國	挪威
別名	沒有
體型	體長健壯型
毛色	單色、雙色、虎斑等多數
體重	約5～10kg
誕生	自然發生
購買難易度	容易
價格	15萬～25萬日幣

大小：大
個性：大膽、穩重
容易罹患的疾病：皮膚病、毛球症

耐寒力十足的挪威森林妖精

小貓・褐色古典虎斑＆白色

體格與態度都威風凜然的貓

在氣候嚴寒的挪威長大，據說還可以在雪堆中奔跑嬉戲，以極為耐寒而聞名的貓。祕密就在於牠那身看來濃密豐厚、高雅不凡的被毛中。由防水性高的豐厚表層毛，以及濃密而能飽含空氣的捲曲底層毛所構成。是兼具了優雅外觀與機能性的實用長被毛，但掉毛量多到可以將家中散落的貓毛做成毛衣，這也是事實。

褐色古典虎斑＆白色

據說是歷史非常悠久的貓。有一種說法是11世紀時，由斯堪的納維亞半島的維京人從土耳其的拜占庭帝國帶回來的，據說具有安哥拉貓的血統。

挪威森林貓擁有肌肉發達的身體，以及讓身體看來更為龐大的豐富被毛；四肢修長，加上鼻梁高挺的面貌，讓牠看起來總是威風凜凜。個性大膽，雖然多少有怕生的一面，但並不會到威嚇的程度。

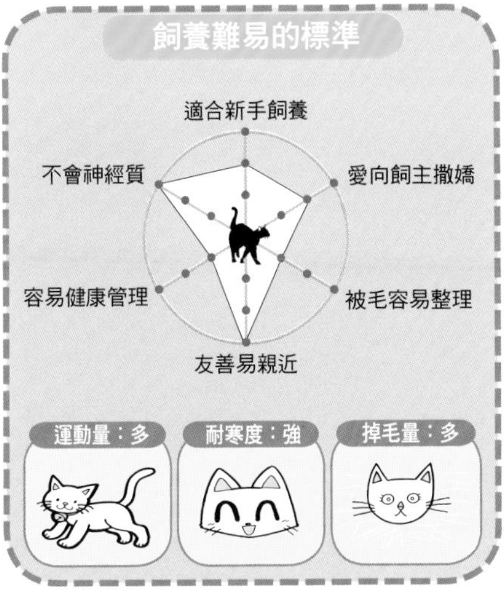

紅色魚骨狀虎斑＆白色

藍色魚骨狀虎斑

紅色古典虎斑

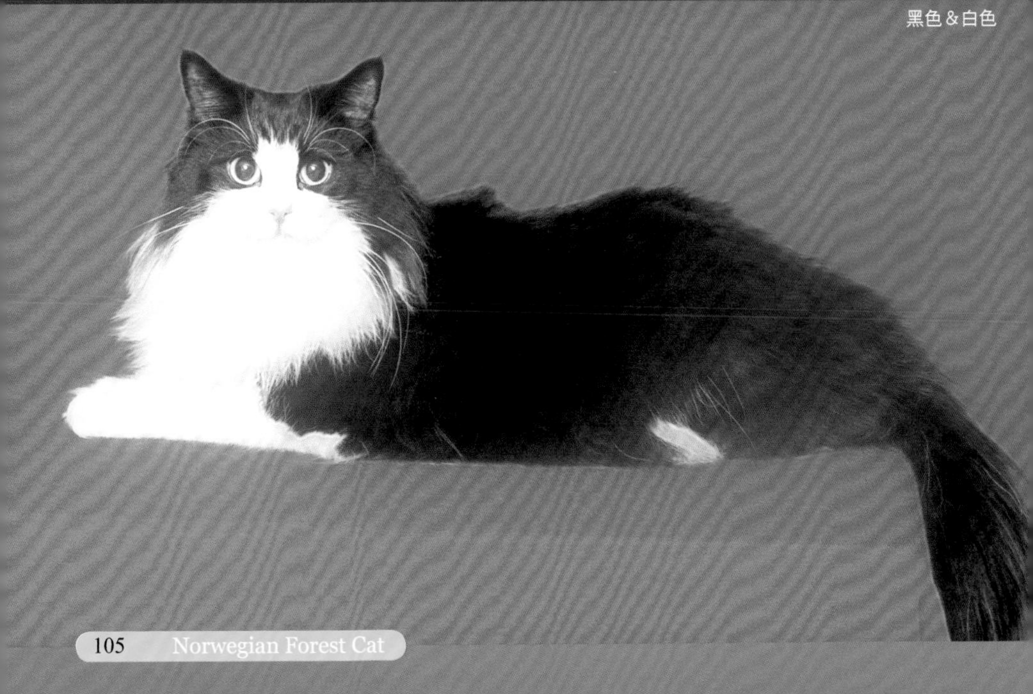
黑色＆白色

褐色魚骨狀虎斑＆白色

銀色魚骨狀虎斑＆白色

褐色魚骨狀虎斑＆白色

玳瑁色＆白色

哈瓦那棕貓

Havana Brown

DATA

原產國｜英國
別名｜沒有
體型｜半外國型
毛色｜巧克力色
體重｜約3～5kg
誕生｜人工培育
購買難易度｜有點困難
價格｜10萬日幣～

大小：小
個性：情感豐富、調皮
容易罹患的疾病：皮膚病、尿路結石

亮澤的被毛與綠色的眼睛，充滿了神祕感

巧克力色

我行我素的個性來自於暹邏貓

名稱的由來據說是因為牠全身從腳尖到鬍鬚都是巧克力色的，這顏色跟哈瓦那產的雪茄顏色非常類似，而牠躺著的模樣看起來就像是一根雪茄，所以便以此來命名。

將擁有巧克力重點色基因的暹邏貓，與具有暹邏貓血統的黑貓交配後，就誕生了擁有亮澤毛色的哈瓦那棕貓。

原本的體型是比暹邏貓更加圓潤、肌肉發達的半外國型，但相對於英國致力於將其改造成東方型，美國則較偏好半外國型的體型，英美兩國在系統上似乎有些混亂。

巧克力色

具有強烈光澤的短毛密生於身體上，全身呈現乾淨的巧克力棕色，還有略微消瘦的臉龐和深綠色的眼睛，是看起來非常精悍又帶有神祕色彩的貓。

不同於外表，在個性上繼承了暹邏貓豐富的感情和我行我素的一面。另外，牠也是以運動量大而聞名的貓。

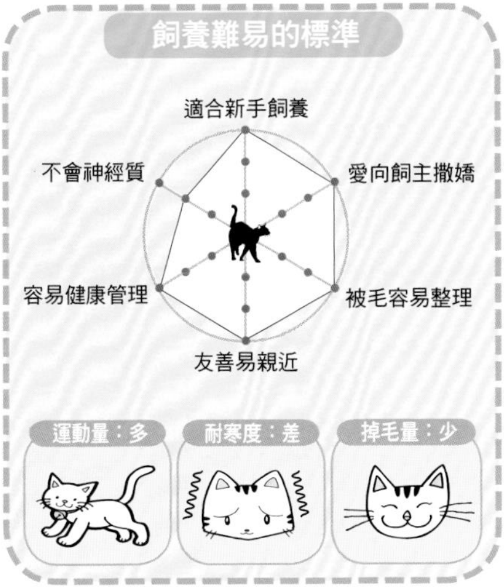

伯曼貓

Birman

DATA

原產國	緬甸
別名	沒有
體型	體長健壯型
毛色	海豹色、藍色、巧克力色等的重點色
體重	約4～8kg
誕生	自然發生
購買難易度	有點困難
價格	15萬～20萬日幣

大小：大

個性：舉止高雅、黏人

容易罹患的疾病：皮膚病、毛球症

非常惹人憐愛的緬甸聖貓

海豹重點色

最喜歡待在飼主身旁

這是被稱為「緬甸聖貓」的貓。在傳說中，有一間叫做Lao-Tsun的寺廟，裡頭祭祀著眼睛有如藍寶石般美麗的黃金女神。據說，當盜賊攻擊寺廟、殺害僧侶時，廟裡所飼養的白貓Sinh跳到了僧侶的遺體上，除了四肢末端以外身體全都變成了金色，眼睛也變成了藍寶石色，成為女神的化身以鼓勵僧侶們抗敵。這隻白貓Sinh就是伯曼貓的祖先。之後，人們就非常重視伯曼貓。1919年，伯曼貓被帶到了法國，而成為現在的品種。

伯曼貓的被毛不像波斯貓那麼長，而是和暹邏貓一樣屬於南方系的，底層毛不多，特別是夏毛，看起來不會過於蓬鬆。特徵之一是腳尖的部分又大又蓬，只有這個部分是白色的，也就是所謂的白襪。舉止高雅，是最喜歡待在飼主身邊睡覺的聰明貓咪。

海豹重點色

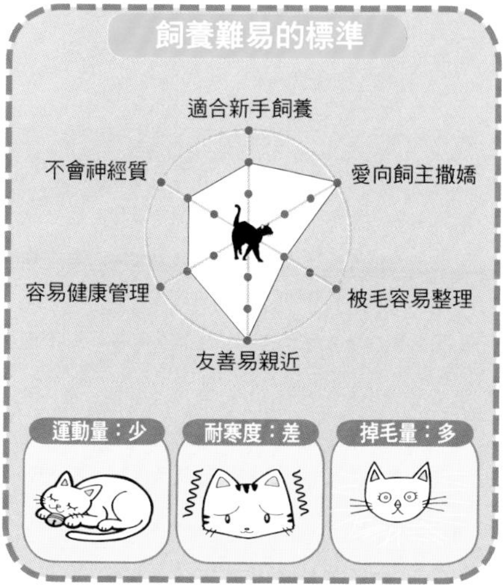

藍色重點色

藍色重點色

海豹重點色

緬甸貓

Burmese

DATA

原產國	緬甸
別名	沒有
體型	短身型
毛色	暗褐色、黑貂色、香檳色、藍色、白金色等
體重	約3～6kg
誕生	人工培育
購買難易度	容易
價格	10萬～20萬日幣

大小：中

個性：聰明、愛玩

容易罹患的疾病：皮膚病、尿路結石

有獨特的氣質，是僅次於波斯貓、暹邏貓的人氣品種

玳瑁色

溫順乖巧、飼養容易的品種

緬甸貓除了活潑愛玩之外，也有聰明不怕生的一面，以及穩重好飼養的個性，所以在歐美是僅次於波斯貓、暹邏貓的人氣品種。

其獨特的毛色是繼承自暹邏貓，比其他貓的毛色更淡，是一種被稱為「淡色」的色調。也因此，即使和其他品種屬於相同顏色，也會有緬甸貓獨特的色名稱呼。

緬甸貓的起源是：在1930年，有人將緬甸一隻名為「Wong Mau」的褐貓遠渡重洋帶到美國，與暹邏貓交配後，就誕生了緬甸貓。

在那之後，美國人把牠改良成弧度更圓的短身型，而歐洲人則偏好纖瘦的半外國型，因此現在的緬甸貓甚至被分成歐洲緬甸貓和美國緬甸貓兩種，兩者間的差異頗大。體毛像絲緞一樣細緻滑順，高密度的細毛會散發出美麗的光澤。

黑色

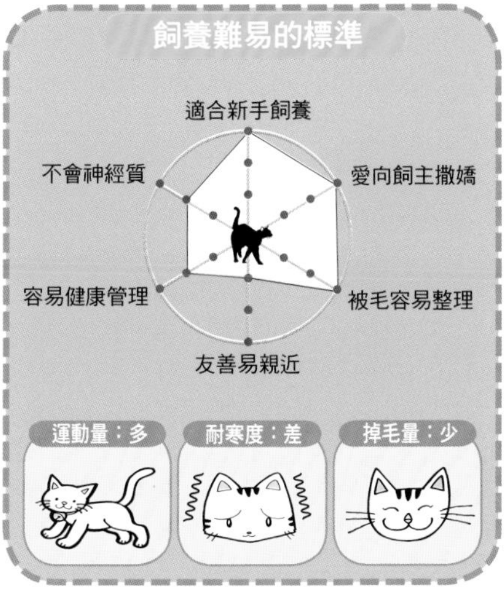

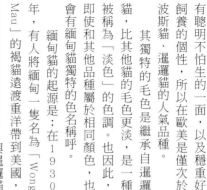

褐色

紅色

紅色

褐色

喜馬拉雅貓

Himalayan

DATA

原產國	英國、美國
別名	重點色波斯貓
體型	短身型
毛色	各色重點色
體重	約4～8kg
誕生	人工培育
購買難易度	容易
價格	10萬～20萬日幣

大小：大

個性：悠哉、高雅

容易罹患的疾病：毛球症、眼疾

將數一、數二的人氣貓咪結合在一起

藍色重點色

擷取暹邏貓與波斯貓的優點

在波斯貓的豪華長被毛上，加入暹邏貓的重點色和藍眼睛——由於想培育出這個宛如夢幻般的組合，在英國與美國幾乎同時進行了育種行動。為了引出相異品種間的特徵所嘗試的交配，在初期階段幾乎是一連串失敗；而在遺傳學上，這項育種計畫也可說是對於日後的貓咪育種產生了極大的影響。

於這種情況下誕生的喜馬拉雅貓在日本也是人氣品種，這一點也就毋須另做說明了。

紫丁香色

重點色與藍眼睛，再加上波斯貓的豪華被毛，簡直就像是有生命的絨毛布偶一樣。

在個性上也繼承了波斯貓做為室內貓的優點。總是悠悠哉哉的，絕對不會跳到家具上頭。

有些團體會將其稱為重點色波斯貓，但也有許多團體已經公認其為獨立品種，而以喜馬拉雅貓之名於市面上販售。

飼養難易的標準

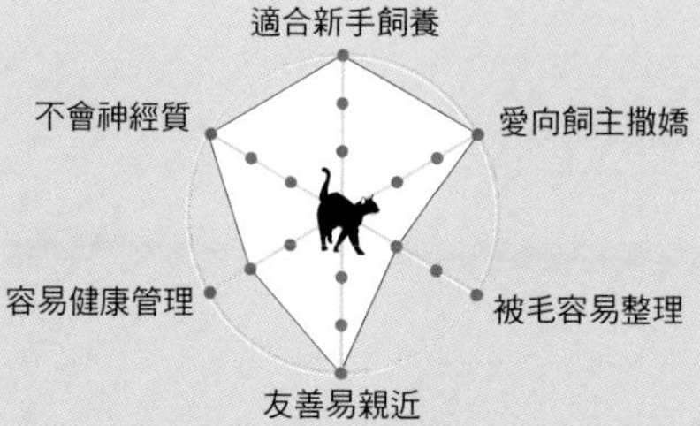

巧克力重點色

海豹重點色

奶油重點色

藍色重點色

英國短毛貓

British Shorthair

DATA

原產國	英國
別名	沒有
體型	半短身型
毛色	藍色及其他多種顏色
體重	約4～8kg
誕生	自然發生
購買難易度	容易
價格	10萬～20萬日幣

大小：中
個性：有適應力、安靜
容易罹患的疾病：皮膚病、尿路結石

在歐洲繪本也頻頻登場的擁有老大臉的貓

藍色

品種化的英國土著貓

從1980年代起，英國基於重新審視本國貓的觀點，開始了致力於讓土著貓品種化的工作，於是便誕生了英國短毛貓。當時以藍色的貓最受歡迎，甚至還直接稱呼為英國藍貓。目前除了經常可見藍色的英國短毛貓之外，其他顏色也非常豐富。

藍色

雖然沒有一下子就能吸引目光的華麗感，但仔細一瞧，可以發現牠獨特的沉重低矮體型是其他貓種所沒有的；還有在歐洲的繪本或裝飾品上可以看到的，由大大的圓臉、豐潤的雙頰、粗大的吻部（嘴巴四周）所構成的老大臉，都是英國短毛貓獨有的特徵。不禁讓人恍然大悟：原來歐洲的貓咪插圖之所以會給人一種異國情調的感覺，就是因為當地的貓和日本貓的長相差異如此大的關係。

英國短毛貓有土著貓具有的高度適應力，擅長隱密行動；雖然不喜歡吵雜的環境和陌生人，但並不會加以威嚇，而是會在覺得討厭時跑去躲起來。

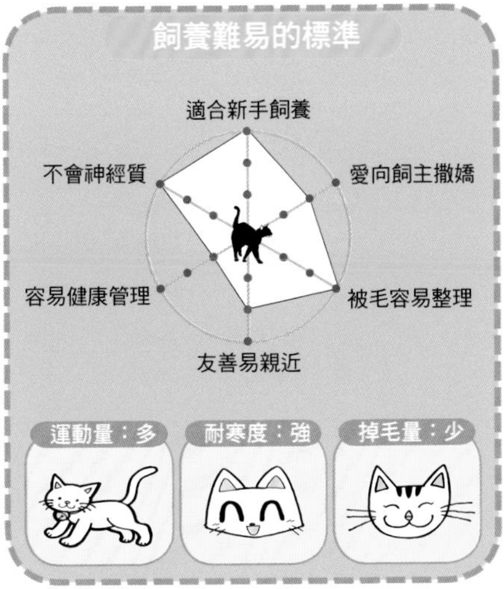

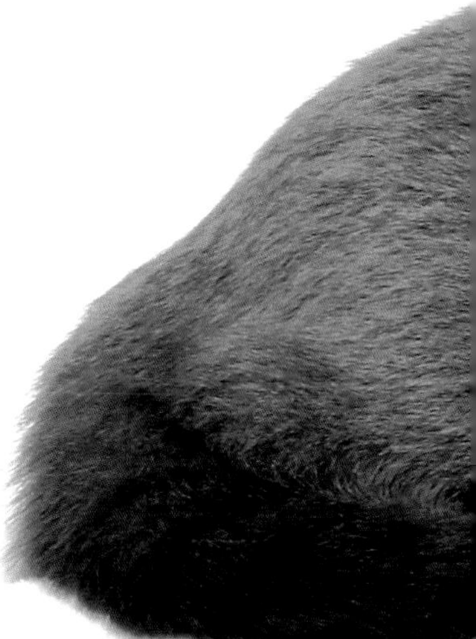

波斯貓

Persian

DATA

原產國	阿富汗
別名	沒有
體型	短身型
毛色	單色、雙色、玳瑁色、虎斑等多數
體重	約4～8kg
誕生	人工培育
購買難易度	容易
價格	10萬～30萬日幣

大小：大

個性：悠哉、優雅

容易罹患的疾病：眼疾、聽覺障礙、心臟病

為了讓貴婦抱在懷中疼愛而培育的華麗貓咪

小貓・白色

美麗的長毛
就是魅力所在

關於波斯貓的起源有好幾種說法：一說牠們是波斯，也就是現在的伊朗、阿富汗一帶的土著貓；一說牠們是從土耳其被引進到歐洲的；也有人說牠們是波斯的貓與土耳其安哥拉貓交配產生的後代。

在歐洲的宮廷貴婦之間，不管是搭馬車時、在宮中度日時，或是在畫肖像畫時，都很流行將寵物抱在手上。據說馬爾濟斯犬和安哥拉兔也是因為這個目的而流行起來的。要完成這樣的寵物，必須要有可以讓貴婦們抱在手上的華麗優雅外貌，以及可以乖乖待在貴婦們膝上的溫順特質。也因此，現在的波斯貓就成了適合室內飼養的乖巧貓咪了。

宛如絲線般的長被毛需要每天梳理。不過，飼養波斯貓的樂趣之一就是維持美麗的被毛，所以一點也不辛苦。

小貓・白色

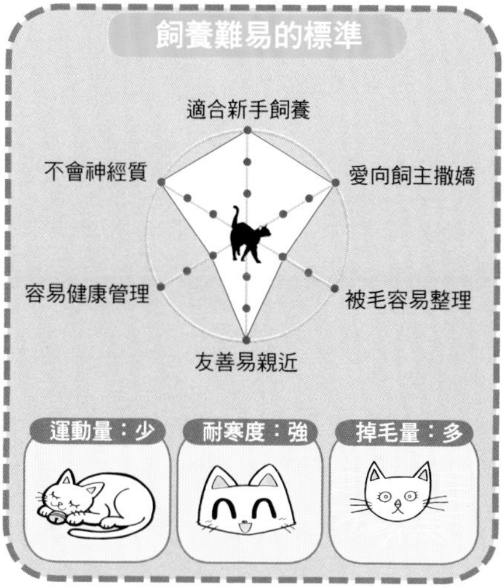

玳瑁色＆白色

黑煙色

藍色&白色

黑色&白色

小貓・藍色

小貓・白色

孟加拉貓

Bengal

DATA

原產國	英國
別名	沒有
體型	體長健壯型
毛色	褐色虎斑、黑色等
體重	約5～10kg
誕生	人工培育
購買難易度	有點困難
價格	25萬～40萬日幣

大小：大

個性：敏感、高傲

容易罹患的疾病：皮膚病、壓力性疾病

繼承了野生山貓斑點花紋的野性模樣

褐色斑點虎斑

抑制攻擊性並改良性格

為了讓家貓身上也能出現野生種特有的明顯斑點，而將野生豹貓與家貓進行交配，誕生了孟加拉貓。為了避免有人隨意將野貓與家貓雜交，並且也為了要去除野貓的神經質與攻擊性，孟加拉貓在公認條件上有嚴格的限制：必須要在和野生種交配後，再與家貓交配了3個世代後，才能獲得認可。不過，也多虧了這樣嚴格的限制，使得現在的孟加拉貓不只是普通的雜種貓而已，而能成為不具攻擊性的貓種，受到眾人的喜愛。

只要性格能像家貓一樣，牠身上繼承自野貓的明顯花紋和精悍的體型一定能讓眾多愛貓人士為之瘋狂。雖然以斑點虎斑較為有名，但像古典虎斑等其他虎斑也有別的虎斑貓所沒有的狂野配色，充滿了魅力。

雖然沒有攻擊性，但因為個性敏感又獨立自主，在靜不下心來的環境要避免累積壓力。

小貓・褐色斑點虎斑

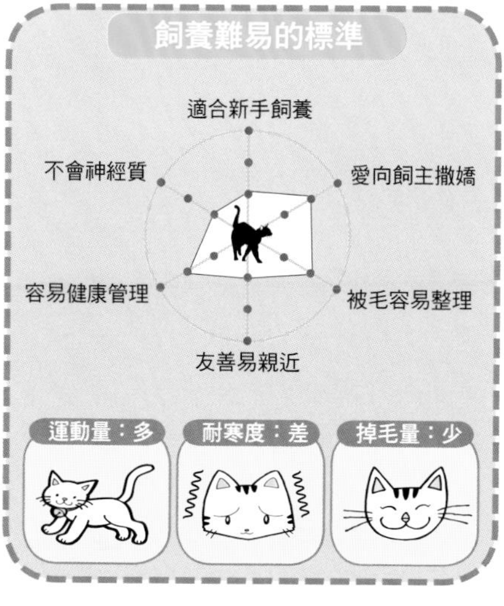

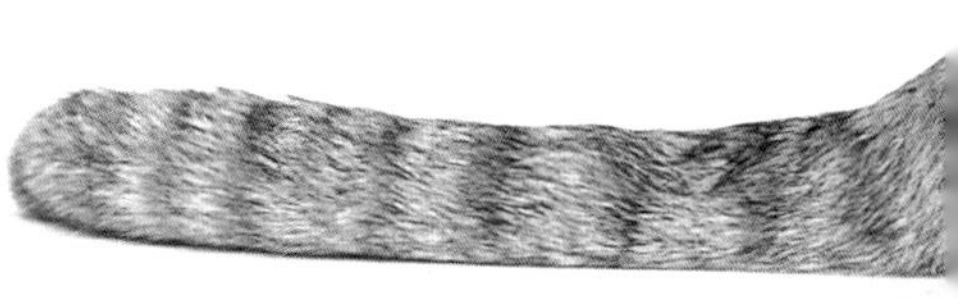

褐色古典虎斑

褐色斑點虎斑的美麗碎斑圖案

小貓・褐色大理石斑

孟買貓

Bombay

DATA

原產國	美國
別名	沒有
體型	半短身型
毛色	只有純黑色
體重	約3～5kg
誕生	人工培育
購買難易度	有點困難
價格	18萬～30萬日幣

大小：小
個性：好奇心旺盛、黏人
容易罹患的疾病：皮膚病、尿路結石

兼具精悍與優雅，宛如黑豹一般

純黑色

繼承了緬甸貓的優點

全身被毛是閃閃發亮的純黑色，加上金色的眼睛，是給人優雅而精悍的印象的貓。

這是由緬甸貓與黑色的美國短毛貓所產下的品種。之所以會取名為孟買貓，是因為牠黑色的身體和印度的黑豹很像的關係。

黑貓很容易被誤認為其他品種，不過孟買貓有繼承自緬甸貓的亮澤毛質，以及完全沒有摻雜其他顏色的毛色。金色發亮的眼睛，還有體型雖小卻肌肉發達的體格，都是孟買貓才有的特徵。並不只是一般的黑貓而已。

除此之外，牠也傳承了緬甸貓喜歡親近人、好養好照顧的優點。外表雖然神祕而精悍，其實個性開朗，最喜歡待在飼主身邊了。因為好奇心旺盛，多少會有點調皮，但由於叫聲不大，因此不會吵到其他人。

美麗的黑色被毛只有薄薄的一點底層毛而已，平常只要好好幫牠梳毛即可。

小貓・純黑色

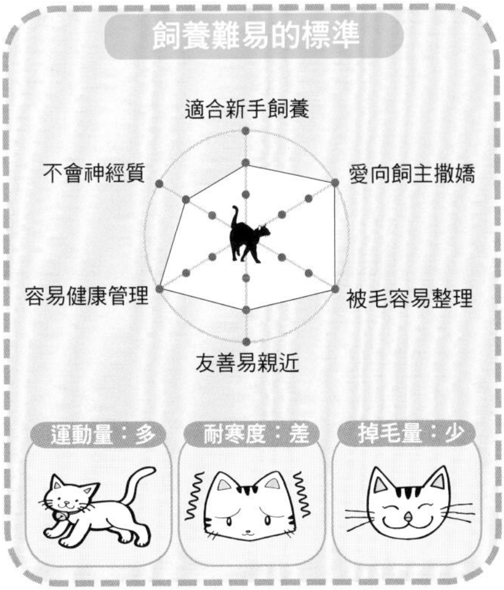

曼島貓

Manx

DATA

原產國	英國
別名	沒有
體型	短身型
毛色	全色
體重	約3～6kg
誕生	突變產生
購買難易度	有點困難
價格	15萬～25萬日幣

大小：中

個性：內向而穩重、聰明

容易罹患的疾病：皮膚病、毛球症

一蹦一跳地走路，非常不可思議的貓

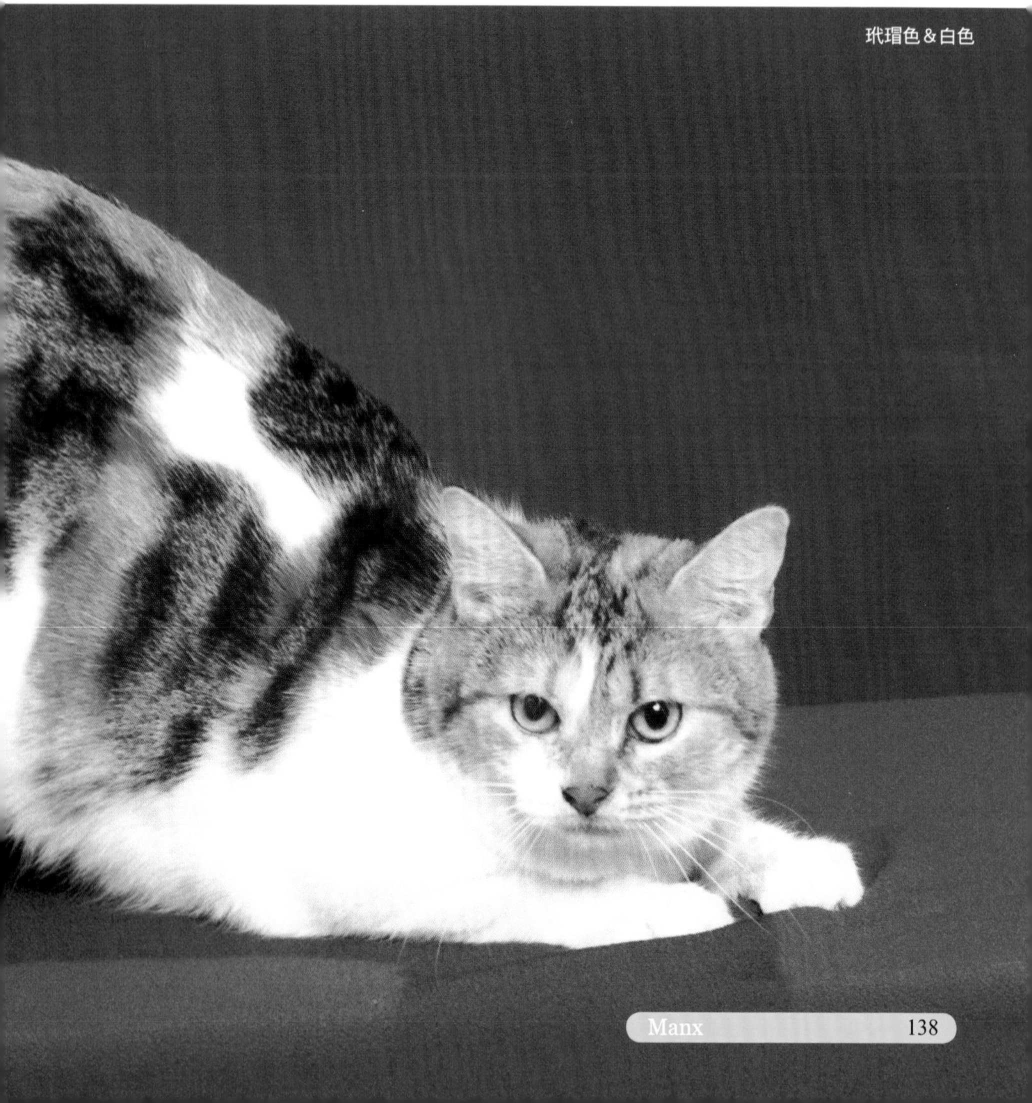

玳瑁色＆白色

曼島上的無尾貓

在英國的曼島上，因突變而產生的沒有尾巴的貓在島中定居下來，這就是曼島貓。雖然牠的外表和誕生經過都和日本短尾貓很像，但在基因上是完全不一樣的。

不只是沒有尾巴，由於後腳較長的關係，走路時會以蹦蹦跳跳的獨特方式來前進，稱為「Manx hop」。

一般做為寵物販售的是完全沒有尾巴的無尾型，但在繁殖曼島貓時，也會同時產下只有一點尾巴的殘尾型，以及尾巴為正常長度，但卻有點彎曲的扭尾型。

紅色古典虎斑

由於曼島貓的基因有致死性，繁殖時，如果雙親同為無尾型的話，不是胎死腹中就是產下後立即死亡，因此必須要以具有曼島貓基因的殘尾型，或是扭尾型與無尾型來進行繁殖才可以。

個性上比較害羞，但相反地，也以神經纖細及頭腦聰明而廣為人知。

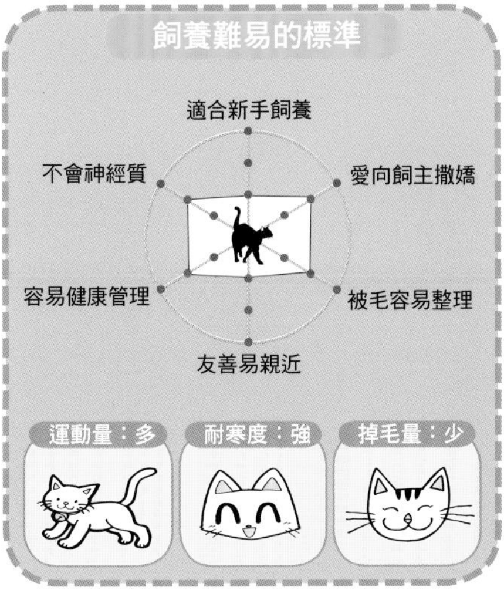

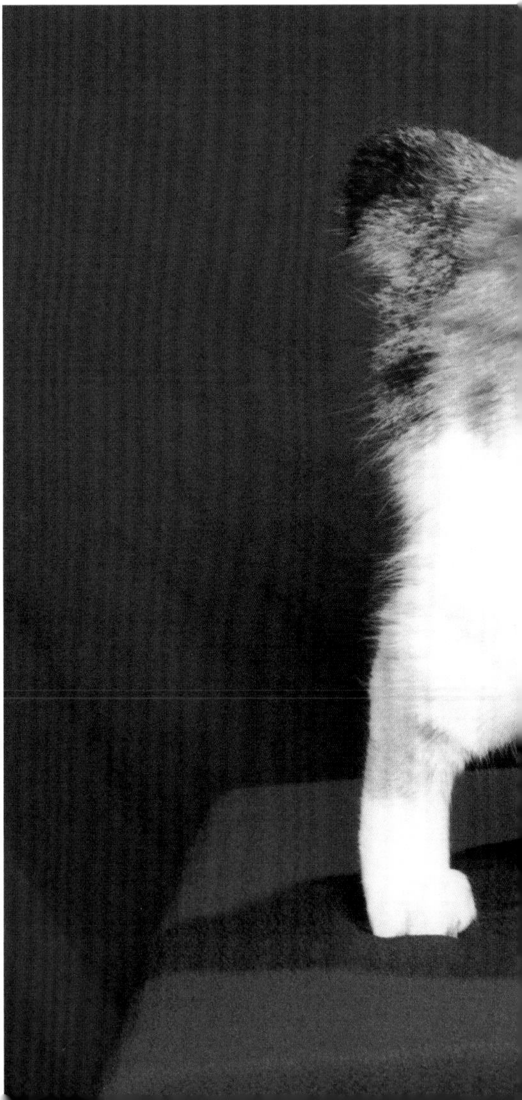

威爾斯貓

Cymric

DATA

原產國	美國
別名	長毛曼島貓
體型	短身型
毛色	全色
體重	約3～6kg
誕生	突變產生
購買難易度	困難
價格	15萬～25萬日幣

大小：中

個性：內向而穩重、聰明

容易罹患的疾病：毛球症、尿路結石

非常珍貴的長毛曼島貓

黑色

個體數量稀少的品種

曼島貓引進美國後，偶爾會出現中長毛的個體，加以品種化後就成了威爾斯貓。有些團體也會直接稱為長毛曼島貓。原文的「Cymric」是從「Cymru」演變而來的，指的就是英國的威爾斯。依照尾巴的長度，可分成完全沒有尾巴的無尾型，有一點點尾巴的殘尾型，以及雖然短但還是有尾巴的短尾型等3種。

由於曼島貓在繁殖上有些關於遺傳上的問題，再加上一次生產的個體數量較少之故，要在這樣的條件下生出長毛的曼島貓並不容易，因此威爾斯貓的數量遠比曼島貓要少，是個體數還十分稀少的品種。

個性上和曼島貓一樣內向而穩重，但卻相當聰明。此外，曼島貓也以長壽而聞名，所以威爾斯貓應該也會繼承到其長壽的特質。

黑色

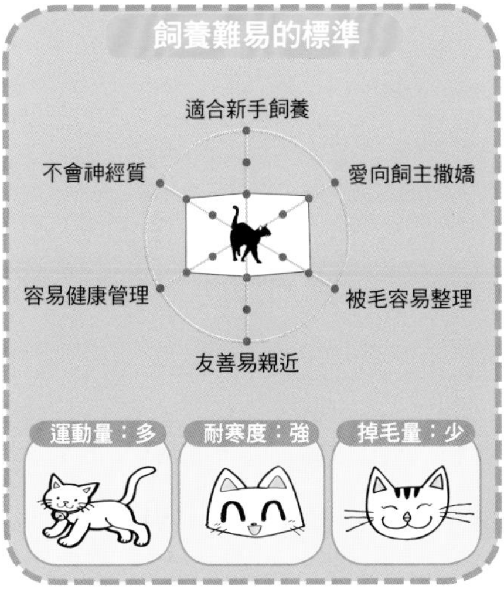

曼赤肯貓

Munchkin

DATA

原產國	美國
別名	沒有
體型	半短身型
毛色	全色
體重	約3～5kg
誕生	突變產生
購買難易度	容易
價格	20萬～40萬日幣

大小：中

個性：好動、有協調性

容易罹患的疾病：皮膚病、關節疾病

身長腿短的幽默體型獨一無二

褐色虎斑

雖然腿短，動作卻很快

像臘腸狗一樣非常短的四肢，讓牠呈現身長腿短的體型，是外表非常獨特的貓。以往就曾經出現過四肢矮短的突變種，但是１９８３年在美國誕生了一隻短腿貓，而這隻貓就成了曼赤肯貓的祖先。

由於外型過於奇特，所以也有不少喜愛優美強健體型的愛貓人士對此加以指責。因為擔心其健康可能會有問題，所以有一段時間沒辦法受到公認；但由於在健康上並找不出特殊問題，因此近來加以公認的團體也終於越來越多了。

三色

雖然腿短，但在運動能力及機能上毫無障礙，反而因為牠活潑的個性而非常好動。出乎意料的是牠跑得很快，步幅不大卻很迅速，優秀的運動神經不禁讓人大吃一驚。經常站起來的姿勢也很可愛。

雖然人們對於曼赤肯貓獨特的外表評價兩極，但牠滑稽的姿勢和動作絕對不會讓飼主生厭，無庸置疑是極為可愛的貓。

海豹手套色

海豹重點色

藍色&白色

黑色

褐色虎斑

曼赤肯捲耳貓

Munch Curl

DATA

原產國	美國
別名	沒有
體型	半短身型
毛色	全色
體重	約3～5kg
誕生	人工培育
購買難易度	困難
價格	未販售

大小：中

個性：好動、有協調性

容易罹患的疾病：外耳炎、關節疾病

曼赤肯貓究竟會進化到何種程度呢？

捲耳的短腿貓

曼赤肯捲耳貓是將美國捲耳貓與曼赤肯貓交配後所培育出來的。生出來的小貓一如預期地是捲耳的短腿貓，模樣非常獨特。

到獲得公認為止之所以會花這麼多時間，主要是因為要考慮到腿是否夠短、毛色・毛質是否有顯著的特徵、是否有珍貴的突變基因等。曼赤肯貓經常被拿來與其他品種嘗試交配，而在交配後的結果中，斯庫坎貓及曼赤肯捲耳貓目前都被美國的育種專家做為品種化的目標，持續進行純種的培育工作。

飼養難易的標準

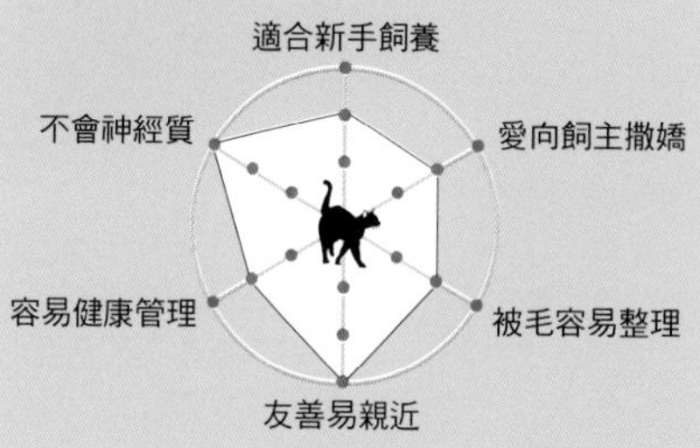

運動量：多

耐寒度：強

掉毛量：少

褐色虎斑

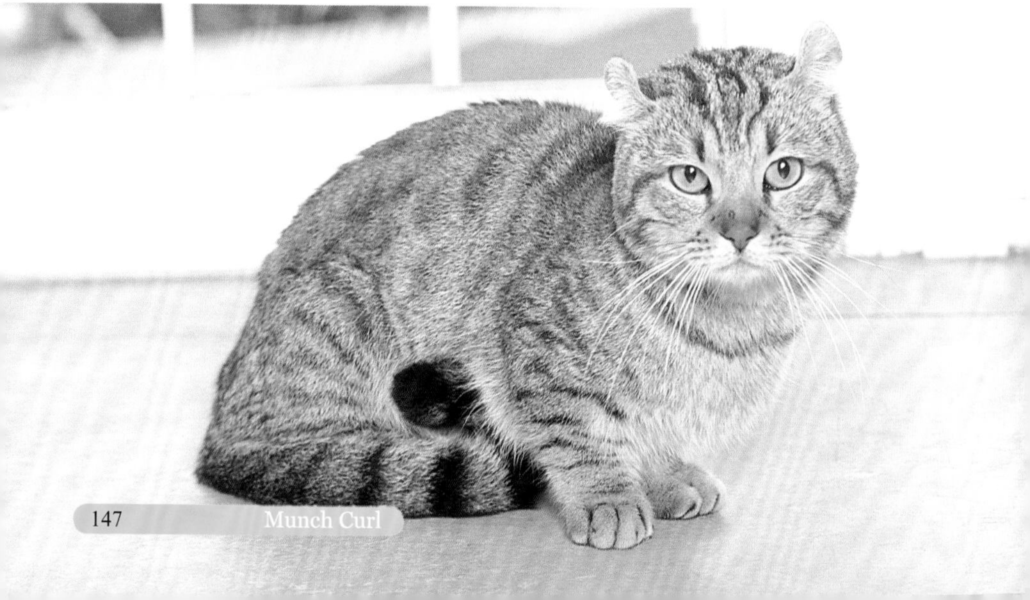

曼赤肯長毛貓

Munchkin Longhair

DATA

原產國 美國
別名 沒有
體型 半短身型
毛色 全色
體重 約3～5kg
誕生 人工培育
購買難易度 有點困難
價格 20萬～40萬日幣

大小：中
個性：好動、有協調性
容易罹患的疾病：關節疾病、毛球症

即使裝優雅還是很搞笑的短腿貓長毛版

以外表的趣味性來一決勝負

曼赤肯貓的長毛型。扣掉長毛的這一點，其他幾乎跟曼赤肯貓一模一樣。

一旦成為長毛型，大部分的貓看起來都會優雅不少；但如果是曼赤肯貓，就算再怎麼裝優雅，因為腿短的關係，往往會更顯得更不協調而變得滑稽。這一點對於有些愛貓人士來說或許是一種缺點，但絕對不會影響到牠外表給人的趣味性。

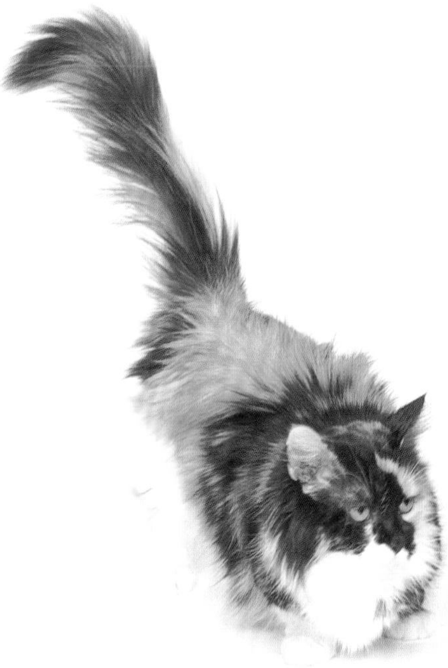
玳瑁色＆白色

銀色虎斑＆白色

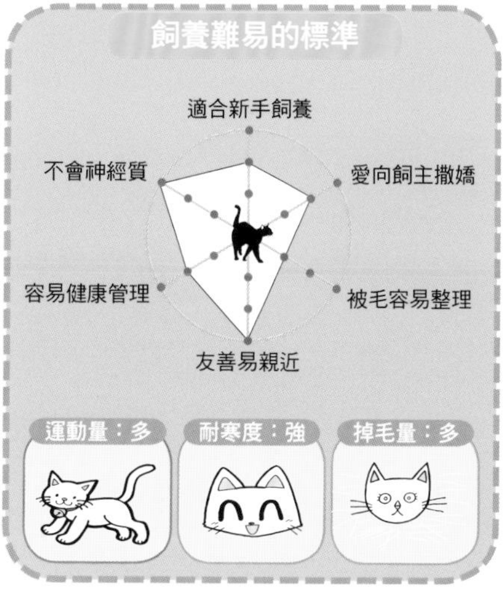

緬因貓

Maine Coon

DATA

原產國	美國
別名	Maine Shag
體型	體長健壯型
毛色	單色、虎斑等多數
體重	約7～10kg
誕生	自然發生
購買難易度	容易
價格	15萬～25萬日幣

大小：大

個性：溫和、友好

容易罹患的疾病：毛球症、尿路結石

強而有力又高貴的人氣貓種

外表優雅但活動力十足

據說是誕生於美國東北部的緬因州。這是在100多年前就存在於北美的土著貓中，自然發生的長毛型，也是備受當地人喜愛的品種。因為牠蓬鬆的尾巴看起來就像浣熊（raccoon）一樣，因此被命名為「Maine Coon」，意思是「緬因州的浣熊」。

褐色古典虎斑

體格龐大、骨架粗壯；整體紮實而穩重，但腿稍微短了一些。由於原本就是被飼養來捕鼠的土著貓，因此不會裝模作樣，是很有活動力的貓。雖然是長毛型，但全身的毛並非一樣長，即便有些個體差異，但一般在尾巴及胸口一帶的被毛會特別豐富。

個性溫和而友好，可以成為優秀的家庭貓。結合了長毛種的優雅氣質與土著貓好養好照顧的優點，是很受歡迎的品種。比較起來算是近來才引進日本的，但牠受人喜愛的個性擄獲了許多貓迷的心，轉眼間就成了人氣居高不下的品種。

小貓・褐色古典虎斑

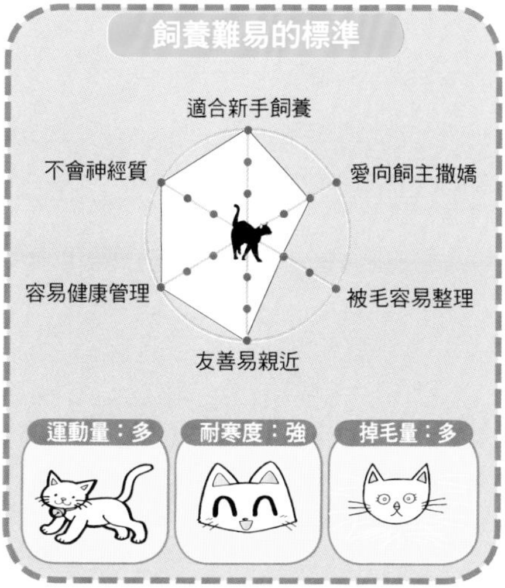

紅色古典虎斑＆白色

銀色魚骨狀虎斑＆白色

褐色魚骨狀虎斑

白色

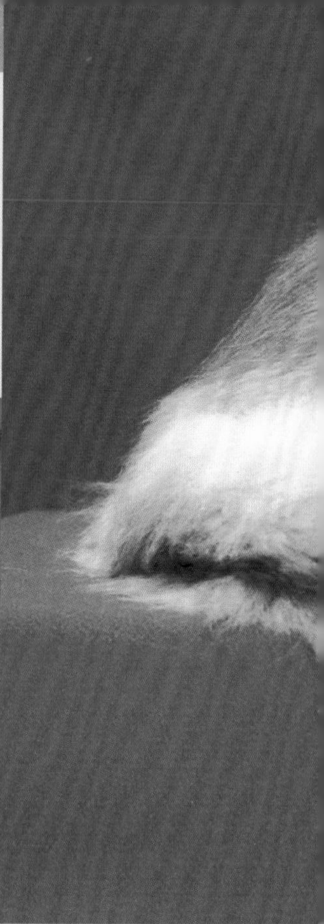

銀色古典虎斑

褐色虎斑＆白色

褐色虎斑＆白色

褐色古典虎斑＆白色

黑色

布偶貓

Ragdoll

DATA

原產國	美國
別名	沒有
體型	體長健壯型
毛色	海豹色、巧克力色、藍色、紫丁香色等的重點色，以及重點色與同色的手套色及雙色
體重	約7～10kg
誕生	人工培育
購買難易度	普通
價格	20萬～30萬日幣

大小：大

個性：穩重、溫順

容易罹患的疾病：肥胖、毛球症

以布偶為名的乖巧貓咪

海豹手套重點色

對小朋友也很寬容

1960年代，美國加州的Ann Baker女士將伯曼貓、波斯貓、緬甸貓等交配後，培育出了布偶貓。

牠是最大型的貓種之一，據說較大的個體體重可達10公斤以上。

之所以會取名為布偶貓，是因為牠只要一被人抱起來，就會將身體完全放鬆；只要一被人撫摸，就會像布偶一樣任人擺佈──這種溫順乖巧的個性，加上牠柔軟豐富的被毛，這些特徵都和布偶非常相像的關係。

山貓色

原本是四肢、胸部、腹部、下巴等為白色的手套色為理想毛色，但重點色和雙色也有獲得認可。

雖然是大型而肌肉發達的健壯貓咪，但個性卻極為乖巧。也有人傳言說牠們對痛感的忍耐力驚人，但那應該只是謠傳而已。因為個性溫和，對狩獵沒什麼興趣，因此和其他貓種及小朋友都能和睦相處，是很理想的室內貓。

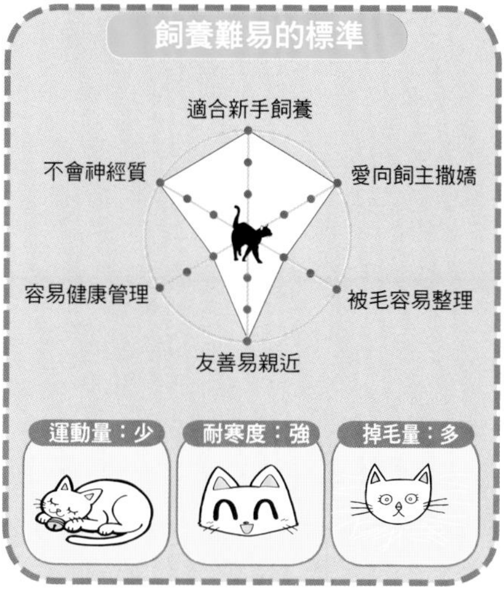

海豹雙色

海豹手套色

藍雙色

海豹雙色

海豹重點色

襤褸貓

Raga Muffin

DATA

原產國	美國
別名	沒有
體型	體長健壯型
毛色	全色
體重	約7～10kg
誕生	人工培育
購買難易度	有點困難
價格	20萬～40萬日幣

大小：大

個性：穩重、溫順

容易罹患的疾病：皮膚病、尿路結石

飼養難易的標準

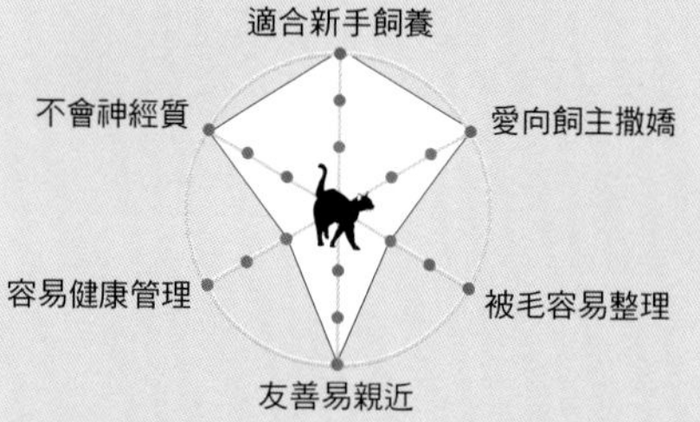

運動量：少　耐寒度：強　掉毛量：多

毛色變化豐富，是布偶貓的兄弟

將來或許會出現各式各樣的毛色

這是由與布偶貓的育種者Ann Baker女士分道揚鑣的育種者們，使用與布偶貓同一血統的貓所培育出來的品種。

總而言之就像是兄弟分屬不同品牌一樣，但相對於布偶貓在花色上有明確限制，襤褸貓則是全色都認可的全組別貓種。今後，或許也會出現各式各樣的顏色組合吧！

展示型的貓先另當別論，但以目前的狀況來說，個體數還沒有多到可以跟布偶貓排排站，加以比較的程度。

手套色

俄羅斯藍貓

Russian Blue

DATA

原產國	俄羅斯
別名	沒有
體型	外國型
毛色	藍色
體重	約4～6kg
誕生	自然發生
購買難易度	容易
價格	10萬～15萬日幣

大小：中

個性：內向、愛撒嬌

容易罹患的疾病：皮膚病、尿路結石

擁有如絲絹般的被毛，來自北國的藍色妖精

小貓・藍色

乖巧又高雅的貓

這是在藍色的短毛貓中，最早被引進日本的貓。牠有著日本人喜歡的纖瘦體型和神祕的祖母綠眼睛，還有藍灰色的被毛，使得俄羅斯藍貓大受歡迎，到現在已經是非常普遍的品種了。關於眼睛的顏色，在幼貓時期為藍色，隨著成長就會逐漸變為綠色。

據說其起源是俄羅斯原產的藍貓，但現在的俄羅斯藍貓則是經由英國和瑞典的育種者的改良後，才做為品種而問世的。

藍色

由於生長於北國，擁有底層毛豐厚的雙層被毛，全身密密覆蓋著如絲絹般的被毛，更突顯出牠身上獨特的藍色。

個性敏感，有害羞的一面，但在日本經過培育後，內向的性格多少有緩和一些。即便如此，叫聲還是很小，是個性乖巧又高雅的貓。

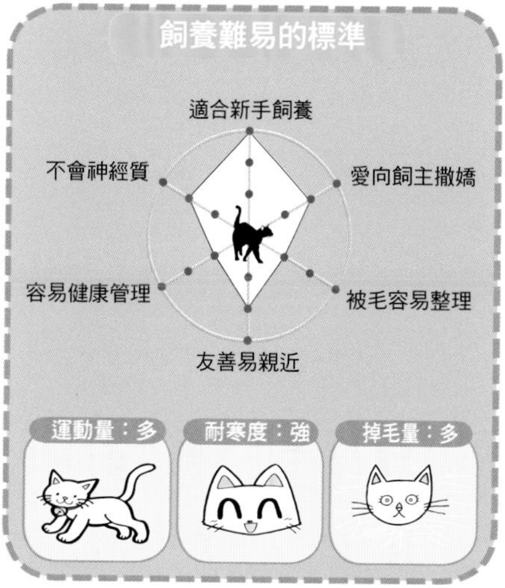

小貓・藍色

藍色

小貓・藍色

法拉毛貓

La Perm

DATA

原產國	美國
別名	沒有
體型	半外國型
毛色	全色
體重	約4～6kg
誕生	突變產生
購買難易度	有點困難
價格	20萬～40萬日幣

大小：中

個性：活潑好動、充滿活力

容易罹患的疾病：皮膚病、尿路結石

健康的長毛種捲毛貓

小貓・海豹重點色

肌肉發達，活動力旺盛

1982年，美國奧勒岡州農家所產下的小貓中，有一隻沒有毛的小貓。隨著日漸長大，牠身上也長出了柔軟的捲毛——這隻小貓就是法拉毛貓的祖先。剛出生時的被毛可能是直毛或是有點捲曲的毛，到了幼貓時代就會開始掉毛而變得無毛，最後才會長出又粗又像絲絹般柔順而有強烈捲曲的毛。

柯尼斯捲毛貓和德文捲毛貓是在品種化的過程中特意培育成現在這種纖瘦體型的，所以模樣較為奇特；但法拉毛貓則是被培育為半外國型的肌肉發達體格，所以不同於以往的捲毛種，是給人健康印象的貓種。

由於品種化至今的時期尚短，並且繼承了農家貓時代的性格，即使到現在依然有很強的捕鼠能力，因此被當成是工作貓種，非常受到重視。

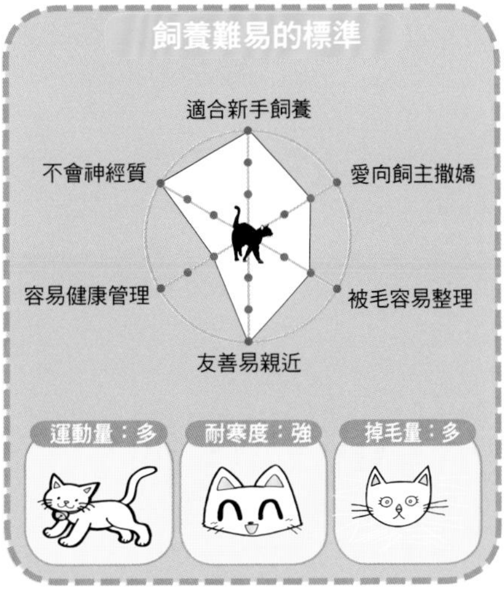

玳瑁色

玳瑁色

小貓・海豹重點色

日本貓

Japanese Cat

DATA

原產國	日本
別名	沒有
體型	半短身型
毛色	三色最有名，也有虎斑等多數
體重	約4～8kg
誕生	自然發生
購買難易度	容易
價格	未販售

大小：中

個性：有適應力、大膽

容易罹患的疾病：皮膚病、尿路結石

是身邊常見的貓，卻也是瀕臨絕種的貓

三色

在日本列島獨自演化的貓

這是1000年前從中國來到日本，在日本獨自不斷進行演化的貓。由於具有國外少見的三色及短尾，因此在遺傳學上被認為是很稀有的品種。

不畏酷熱、寒冷等的氣候變化的超強忍耐力；即便是粗食也能順利長大、對於各種貓食的適應力；還有能捕獲老鼠的優秀運動能力等，這些土著貓才有的眾多優點都可以在日本貓身上找到。臉型較圓，呈現和緩的倒三角形，可以說就是日本人喜愛的貓種。

80年代在歐美各國興起了一股重新審視本國土著貓的風潮，因而誕生了許多短毛貓；不過在日本，這樣的風潮卻一直興盛不起來，尤其在都市中，日本貓已經開始和西洋種的貓混血了。現在甚至還能看到銀色古典虎斑的流浪貓，純粹的日本貓可以說正面臨了滅絕的危機。

日本貓是值得向世界誇耀的可愛貓種，希望可以將牠原本的姿態直接保留下來。

褐色虎斑

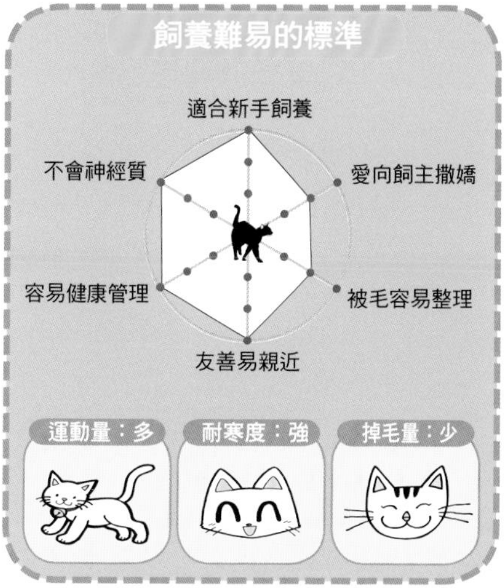

斑塊

白色

魚骨狀虎斑

紅色虎斑

日常照顧篇

和貓咪愉快地生活

Contents

Contents

利比亞山貓。

了解「貓」這種動物

與人類的相遇

目前，世界各地都有貓咪的身影，即便是在都市或田園地帶，也有不受人類保護、過著野生生活的貓。不過，那只能算是流浪貓而已。在野生動物中，是沒有「貓」這個種類的。

貓在分類上被稱為家貓。根據最新的基因研究顯示，貓的祖先是歐洲山貓的亞種、生活於北非的利比亞山貓。以前曾經認為，在貓被人類飼養、分佈於全世界的過程中，棲息於中東至北非的山貓曾經先後與歐洲山貓、叢林貓、兔猻等野生貓交配，但現在則以利比亞山貓的單一祖先論最為有力。

據說，野生的山貓非常神經質，具有攻擊性，不會與人類親近；但如果是剛出生就由人工哺育長大的個體，則會非常喜歡親近人類。一開始時，或許是在偶然的情況下接受人類保護的利比亞山貓幼貓，在人類住家周邊生活時逐漸馴化於人，而變成了日後家貓的祖先吧！

古埃及人是出了名的喜歡貓，他們甚至將貓神格化，做成壁畫或木乃伊，流傳給後世——那是西元前４０００年左右的事了。但說到養貓最古老的證據，則是在距今９０００年前的中東遺跡中所發現的貓的牙齒。由於已知在此之前北非的人類就已經開始飼養利比亞山貓了，所以根據推測，人類與貓的往來已經有超過1萬年的歷史了。

貓咪之間的打架。

貓是個人主義者

貓原本就是獨行俠，固守在一定的地盤內生活。雖然彼此的地盤多少有重疊的部分，但因為平常不太會碰頭，所以很少會發生衝突。不過在繁殖期間，為了追求母貓，公貓會侵入其他公貓的地盤，彼此產生激烈的打鬥。現在的公貓之所以會逃家或是噴尿做記號，就是因為還留有這個時代在繁

獅子會組成叫做獅群的群體。

殖期內要爭奪母貓的習性之故。

話說回來，在公園或巷子裡等，有時會有好幾隻貓咪集合在同一個地點。這並不是因為貓的地盤意識不見了，而是大家在地盤交接的部分相遇時，會互相裝作不認識的樣子以避免打架。這可以說是將原本貓的習性加以轉化，在無法確保寬廣地盤的人類社會中適應出來的結果。

另外，由於貓並不會組成群體，所以不會像狗一樣將飼主看成群體的老大，也沒有聽從飼主的命令、和飼主一起行動便能感到高興的習性。

相反地，貓反而是比較不喜歡受到人類的干涉。由於神經質，所以也討厭環境的變化。正因為如此，甚至有「狗跟主人，貓跟房子」的俚語出現。不過，實際上貓也是很會向人撒嬌的。也有許多例子是在養過自己的飼主搬家後，流浪貓跟著追到新家的。會想出之前那種俚語的人，一定是沒有養過貓的人吧！

獵豹也是以母親為中心組成群體。

野貓不會組成群體，通常都是在小貓成熟或是母貓發情時，小貓就會被趕出母貓的地盤；但獅子卻會組成群體來進行狩獵。就算是獵豹等其他貓科的野生動物也可以觀察到，在小獵豹成熟後的短暫期間內，都會跟著母親一起行動，形成暫時的群體，相互協力進行狩獵。

由此看來，貓之所以會親近人類，應該是小貓將飼主看成是母親，就算長大了也還是有跟在母親身邊的習性，因此才會對人類撒嬌吧！

不僅如此，母貓會將蟲子、小鳥、老鼠等捕到的獵物帶到飼主面前。這也是貓媽媽對待小貓的習性。有人認為，貓一開始是將飼主視為自己的父母，等到自己成熟後，反而會將飼主看成是自己的孩子。貓似乎不是以群體為單位，而是會建立有如親子般、以家庭為單位的關係。

貓在獲得了與其他個體及人類共同生活、向飼主撒嬌等野生時代所沒有的新習性後，就從原本神經質又孤獨的獵人一變成為惹人憐愛的動物了。

只要在小貓時期讓牠習慣，也可以在籠內飼養。

室內飼養貓的行動學

適合在室內飼養的貓

貓是適合養在室內的動物。牠們原本就是埋伏型的獵人，地盤範圍比較狹小，不像犬科動物有追逐獵物奔跑、探索寬廣地盤的習性，因此可以輕鬆地在人類的居住空間內生活。

不過，雖然說和人類往來已經超過1萬年了，但還是保有野生動物的本能，因此飼主有時必須要做某種程度的讓步才行。

做記號

室內貓讓人傷腦筋的習性之一就是公貓的做記號。這是為了要確保自己的地盤而跑到高處小便、在地盤內第一次看到的東西上撒尿的習性。貓原本就有在地盤內的固定場所排泄的習性，所以會記住上廁所的地方，但成熟的公貓卻可能會在地盤內隨處上廁所。

做記號是成熟公貓的習性，因此只要在小貓時期進行去勢，以後就不會有做記號的困擾；不過，只要是做過一次記號的成貓，就會養成做記號的習慣，因此去勢的時期越晚，成效就會越低。

繁殖期時母貓的排泄次數也會比平常增加，容易污染便盆，也可能會引起失禁。這是由於發情所引起的生理現象，因此只要接受避孕手術，就能加以預防。

運動不足&壓力

貓會將平常待習慣的範圍視為地盤。因此，只要是沒去過的地方，牠就無法靜下心來，會認為那是可怕的地方。不過，這也有品種和個體上的差異，有的貓好奇心旺盛，很喜歡新的事物；也有的貓相當討厭以往沒見過的事物。

對貓來說，未知的環境會帶來恐懼，但相反地，一成不變的生活也很無聊，容易產生壓力。特別是單獨飼養時，可能會因為無聊或運動不足等壓力而出現抓傷牆壁或家具、脾氣粗暴、隨處大小便等問題行為。此時，可以考慮複數飼養讓牠有個玩伴，或是給牠玩具或點心，或是帶牠去散步等，必須想辦法消除牠的壓力才行。當然，最理想的壓力消除法就是飼主陪牠玩個痛快了。

貓的習性比較適合在室內飼養。

不只是跑步，貓還喜歡立體的上下運動，因此就算是待在狹小的室內，也可以廣泛地利用空間，設立貓塔等好讓牠可以爬到高處。

據說貓一天會睡16小時以上，並不是會一直跑來跑去的動物。因此，只要趁牠還小時讓牠習慣，也可以在籠內進行飼養。不過，這時就必須要每天陪牠充分玩耍，給牠點心或玩具等，下點工夫讓牠即使獨自生活也不會產生壓力才行。

基本上，在室內飼養的貓是不需要散步的。倒不如說外出散步反而大多會給牠們帶來壓力。對於重視自己的空間，只要待在自己熟悉的環境便感到幸福的貓來說，散步時所遭遇到的各種聲音、氣味、行人或車子等，對牠而言都是一種驚嚇。不過，若是真的很想帶牠出門時，請儘量挑選人車較少經過、貓咪比較習慣的路線。萬一愛貓因為受到驚嚇而逃跑的話，會變得驚慌失措，就算飼主再怎麼呼叫也叫不回來，就此成為迷路的孩子。散步時請務必要戴上胸背帶與牽繩，以免愛貓逃跑。

磨爪

戶外生活的貓在爬樹、挖土時，趾甲會自然磨損；而養在室內的貓或許是因為在意老舊的趾甲無法剝落的關係，通常都會有一種搔抓柱子或家具、被稱為「磨爪」的行為出現。為了避免家具被抓壞，市面上有販賣一種專門給貓磨爪子的貓抓板，但因為個體差異的關係，有些貓可能不太會用貓抓板來磨爪。

貓是趾甲很尖銳的動物。只要家裡養貓，無可避免地一定會讓地板或家具出現某種程度的抓痕。

貓的活動基本上是上下運動。
最喜歡的就是貓塔了。

採取埋伏姿勢的貓。

自由活動貓的行動學

關於飼養動物這件事

原本貓的工作就是在家附近抓老鼠。即使到了現在，在充滿大自然的田園地帶中，依然有許多貓是被養來嚇阻老鼠或蛇類的。除了繁殖期以外，貓並不會跑去太遠的地方，所以像農家一樣有寬廣的空間時，貓大多都只會在土地範圍中活動，對主人來說非常有幫助。

不過，如果是在市中心，就算住的是獨棟的透天厝，如果讓愛貓自由活動的話，可能會一下子就會跑進鄰居家裡。貓有在固定場所排泄的習性，萬一牠非常中意鄰居的庭院，就會每天跑去那裡上廁所。正因為如此，流浪貓和放養貓的排泄物才會引發問題。

自由活動的貓會有感染傳染病、遭遇事故的危險，也可能會對他人造成困擾。正如同飼主必須守護愛貓的安全與健康一樣，不讓愛貓對牠人造成困擾也是身為飼主的義務。最近，日本的動物愛護法更新了，對於飼主的罰責變得更重了，因此對於自家愛貓的行動，飼主一定要更有責任感才行。

繁殖期的貓

一到了戀愛的季節，貓就會突然消失無蹤。這個傾向在公貓身上更為明顯。

原則上，貓在春天與秋天各有一次發情期，但這並非絕對，有時一年只有一次，有時可能會在其他時節發情。大多數的母貓在出生後半年左右就會迎接第一次的發情，但這第一次的發情和季節的關係不大，而是要以到性成熟為止的期間來決定，所以大多都會偏離發情的季節。公貓一聞到發情母貓的氣味就會跟著發情，因此只要附近有發情的母貓在，就會跟著有所反應，甚至有公貓一年到頭都在發情。

發情的公貓會被母貓吸引而離家出走，跨出自己的地盤，在街上四處徘徊。這種情況也有個體差異，有些公貓幾乎一步也不會踏出家門，也有些公貓只要一發情就會離家1～2個月，幾乎很少待在家裡。

此外，處於發情期的母貓為了吸引公貓，可能會不斷發出有如嬰兒哭聲般的淒厲叫聲。像這種繁殖期間的問題行為，只要進行避孕・去勢手術就可以預防，不妨在愛貓第一

公貓一旦狹路相逢可能就會吵架。

住在市中心時，
可能會跑進別人家中。

次發情前與獸醫師討論一下。請隨時注意愛貓的身體狀況吧！

和流浪貓的接觸充滿了危險

自由活動的貓會因為舔舐其他貓隻的排泄物、繁殖期間的打架、交配等而大幅增加罹患各種傳染病的危險。尤其是會引發免疫不全的貓白血病（FELV）及目前仍無有效疫苗的貓免疫不全症（FIV）、貓傳染性腹膜炎（FIP）等，一旦罹患這些傳染性疾病可都是會危及性命的。

被稱為貓愛滋的FIV大約是在15年前突然發生的，並且造成了大流行，幾乎所有的流浪貓都被感染了，情況非常悲慘。但就如同傳說中貓有九條命一樣，牠們靠著堅強的生命力活了下來，接下來有好幾代的流浪貓都獲得了對FIV的免疫力，即使一出生就感染了病毒也不會發病，而是成為帶原貓。相對於此，純種貓對於這可怕的疾病並沒有免疫力，因此可說是處於無力抵抗的狀態。所以，如果和流浪貓接觸的話，很可能會被傳染而引發攸關性命的嚴重症狀。

當然，有些傳染病只要施打疫苗就能預防，但除了傳染病以外，還有跳蚤等寄生蟲的危險。即使乍看之下很健康，流浪貓和擁有流浪貓血統的貓在對疾病的抵抗力上和純種貓是不一樣的，所以不能隨便讓牠們互相接觸。若是真的很想一起飼養時，最初要完全隔離，雙方都接受過獸醫師的檢查，確認沒有傳染病後，先進行預防接種，之後才能讓牠們碰面。

自由活動中的貓。
項圈和名牌是必需品。

事故的危險

因為遭逢意外而來到動物醫院的貓出乎預料地多。最近有許多養貓的人都是住在公寓大廈等的高樓住宅，因此從高處跌落的意外也層出不窮。除此之外，也有被偷竊或是迷路而回不了家的情況。最好的預防方法就是不要讓個性不怕生的純種貓外出。特別是交通意外，只要在室內進行飼養，幾乎可以百分之百加以預防。

貓的身體

鼻子・吻部

有的品種眼睛到鼻子末端的距離很長，也就是鼻梁又挺又直；也有的品種鼻子短短的，好像被打扁了一樣。

即使同為長毛貓，挪威森林貓的鼻子就很挺，而波斯貓的鼻子卻又平又扁，兩者五官給人的印象非常不一樣。雖然也有個體差異，毛色花紋可能也會有所影響，但由於是在醒目的地方，因此在挑選小貓時，不妨選擇讓你印象深刻的個體。

吻部指的就是鼻子和下面的嘴巴周邊一帶。

吻部如果又圓又寬，看起來就會像英國短毛貓一樣，呈現穩重的貓老大臉型；如果頭部較小、吻部細長的話，就會成為像東方型那樣的小臉。

日本貓的吻部還滿小的，與頭部均衡地呈現漂亮的三角形，因此即便是在寵物店裡，像日本貓這種吻部較小的貓好像也比較受歡迎。

下巴的粗細會因品種而多少有些不同，但以寵物型的貓來說，就算粗了一點，只要看來紮實而健康，吻部和整體臉部的感覺相配的話，應該就沒什麼太大的問題。

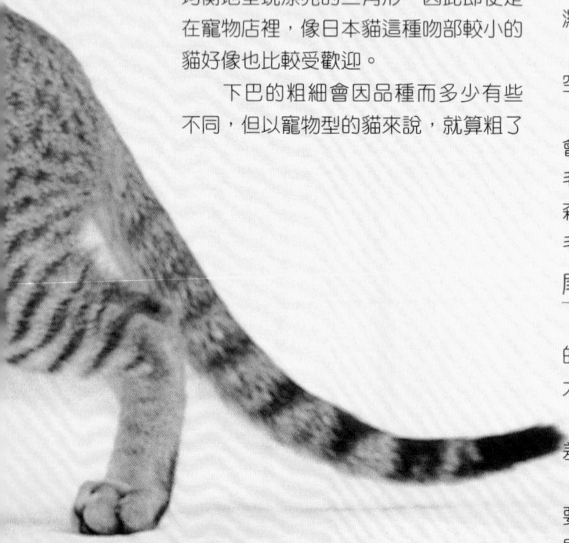

外形

說到外形大家可能會一頭霧水，但其實就是指貓的側面。

每個品種都有規定從頭頂到額頭、眼睛、鼻梁、下巴、頸部的線條應有的樣子，在參加貓展時，這是非常重要的要素；但如果是寵物型的貓，只要整體不要偏離品種標準太多，應該是沒有問題的。

被毛

貓的被毛基本上就跟其他大多數哺乳類動物一樣，具有又硬又直的表層毛和柔軟而捲曲的底層毛兩種。

表層毛可以在打架或與敵人爭鬥時保護身體，也可以避免被雨水等淋濕。

底層毛可以在柔軟的被毛間儲存空氣，具有高度的保溫效果。

依照品種的不同，被毛的毛量也會不一樣。南方系的暹邏貓並沒有底層毛，相反地，要適應北方氣候的挪威森林貓和俄羅斯藍貓等則有大量的底層毛，以便能適應寒冷的環境。

尾巴

在尾巴的長度上，除了沒有尾巴的曼島貓和短尾系的品種外，並沒有太大的差別。

雖說如此，不同品種還是有若干差異。

寵物型的貓，在挑選品種時應該要把重點放在由被毛量的多寡所造成的尾巴粗細上，而不是在長度上。

頭部

頭部整體的形狀會因為品種的不同而有相當大的差異。波斯貓的短頭部和暹邏貓倒三角形的長頭部，從外觀上就能一眼看出明顯的差異。此外，即使是外表看起來差異不大的品種，只要仔細觀察，就能看出其頭部的形狀各有不同；像是還有分成頭部帶有弧形的品種，以及頭部比較平坦的品種等。

還有，耳朵之間的距離也有比較開闊或是比較狹小的差異，這也會影響到臉部給人的印象。

臉頰的形狀也依品種而異。就算頭部較小，如果臉頰豐潤的話，看起來就會是圓臉；如果頭部較大而臉頰削瘦的話，看起來就會比較精悍。

眼睛

說到貓的眼睛，一般都是呈現往上吊的形狀；其中還有分成圓形、杏仁形、蛋形等，會因品種而呈現不同的眼睛形狀。

不過，相較於參展型的貓，寵物型的貓在眼睛的形狀上就不是那麼講究了。整體來說，寵物型的個體在眼睛上都會比較接近一般人認為可愛的圓形。

至於眼睛的顏色，可能會依品種而定，像是俄羅斯藍貓的祖母綠色，以及暹邏貓的藍色等；也可能會需要某些特定的顏色才行。

基本上是從褐色到藍色，分成紅銅色、金色、橘色、綠色、藍色等，但有些品種在成長過程中會改變顏色，也有些個體左右眼睛的顏色會不一樣。

四肢

說是和品種有關，倒不如說是因為體型之故，使得四肢多少會有長短上的差異。貓和狗不一樣，像曼島貓或曼赤肯貓這種體型特殊的突變品種並不多，所以就品種上來說，其實並沒有太大的差異。

腳掌

以人類來說，相當於手腳的指頭和手背、腳背的部分。這個部分要呈現緊緊握起來的樣子，看起來才會可愛。特別是手腳的末端為白色，也就是俗稱戴手套或穿白襪的貓，由於腳掌的部分會更顯眼，因此腳掌渾圓的個體看起來會比較可愛。

耳朵

除了耳朵較具特徵的美國捲耳貓和蘇格蘭摺耳貓之外，還可以分成耳朵又尖又大的品種，以及稍微小一點的品種。

耳朵的形狀會因為品種而有很大的不同，但也有個體差異。此外，特別是在小貓時期，相較於身體和頭部，耳朵看起來會更大一些。耳朵的形狀和大小都會影響到外觀，在挑選貓咪時，最好仔細看清楚再決定。

取得貓咪的方法

參展型的長毛貓整理起來並不容易。

先決定好想要的貓

如果不是突然撿到小貓或是有朋友分送小貓，首先，請先決定要養什麼樣的貓。要考慮的有：想不想跟牠一起玩、想不想抱著牠、是要優雅的長毛還是容易整理的短毛、性格、習性、外觀等，選擇的要素有非常多。另外，是要寵物型還是參展型的貓、要讓牠繁殖還是要結紮等，這些都要先決定好才行。有些人會覺得以後再讓牠結紮就好了，但貓的成長是很快速的，可能會在飼主沒察覺的情況下就懷孕了。

取得方法

寵物店一整年都有販售常見品種的小貓。最近只要透過網路，就可以查到有販售許多品種的大型店家或專門店。

如果可以的話，最好要多跑幾間店，看過許多小貓後再來決定。即使是相同的品種，外貌、大小（月齡）、價格都會不同。另外，有沒有進行過預防接種、是否有售後服務等，也是挑選小貓時的重要條件。

如果想要的是一般店裡沒有販售的稀有品種或是參展型的貓，就只能向專門的貓舍購買了。最近，在網路上號稱是育種業者而進行詐騙的例子層出不窮，可以的話不妨找店家或愛貓協會諮詢一下，請對方介紹正統經營的貓舍，比較可以放心。

只要是會活潑玩耍的小貓就沒問題。

健康又會主動親近人的小貓比較好。

熟睡的小貓很可愛，
但也要觀察牠醒著時的樣子。

純種與米克斯

因為「雜種」這個詞給人的感覺比較不好，所以從幾年前開始，就有人提倡把純種以外的動物都稱呼為「米克斯」；但是以商品來說，這樣是沒有價值的，而是基於不同層次的原因才會這樣命名的。

最近在網路上也有人販售米克斯貓。雖然不清楚育種業者是基於什麼樣的意圖才加以繁殖的，但對於愛貓協會而言，在不被承認的情況下所繁殖出來的小貓都算是雜種貓。

只要是可愛的米克斯，就算花大錢購買也心甘情願——這是個人的自由；但是在幾年前，寵物業界裡是沒有米克斯這種「商品概念」的。純種貓的價值不僅是血統管理的證明，也反映了育種業者為了繁殖出身體健全又值得大家喜愛的品種，在背後經過好幾個世代所付出的苦心，這一點還請大家不要忘記。

選擇活潑的小貓

健康的小貓會活潑地四處活動。眼睛乾淨漂亮，會主動靠近人類的就是好貓。不過，就算是不好動的貓，只要符合「眼睛和臉部、屁股都很乾淨」、「肚子圓滾滾的」、「手腳很有力」等條件，看起來很健康的話，這樣的小貓也是沒問題的。就算小貓動也不動，有時也可能是因為牠想睡了所以不想動，或是個性比較安靜的關係，有時這樣乖巧的貓反而會比較好養。因此長期地仔細觀察是很重要的。

飼養時的必需用品

事前準備極為重要

由於貓是不喜歡環境出現變化的動物，因此第一次帶回家時，如果早就準備好睡覺的地方或廁所的話，可以讓牠早一點安定下來。另外，帶回家的當天飼主可能也累了，如果之後才要決定放置籠子或便盆的地點，甚至才要開始組裝的話，就沒辦法仔細觀察貓咪的狀態了。在迎接貓咪回家前，不妨先將飼育用品都準備好吧！

必需用品

貓所需要的最低限度的東西是：可以安心睡覺的睡床、自己的食餌和餐具，以及清潔的便盆。如果無法在自己的地盤中確保這些必需品，牠就無法靜下心來。此外，這些東西最好不要經常改變放置的地點，因此一開始就要決定好位置。

籠子＆提籃

放養於室內時，不見得需要籠子，但要帶到動物醫院等外出時一定要使用提籃，所以請別忘了要先準備好。

提籃也是睡床，
請務必要準備好。

餐碗・水碗

餐碗・水碗也可以用人的餐具來代替，但貓咪專用的比較不容易打翻，使用起來更方便。材質以不鏽鋼較為堅固耐用，但考慮到美觀性，不妨使用陶器也不錯。

貓咪的餐碗以底部
較深的比較好。

建議使用附有餐墊，
不易滑動或打翻的餐碗。

在籠子中設置睡床、便盆、餐碗等，
就能為貓咪打造出舒適的地盤。

睡床

請選購市售的床鋪或睡墊等，為愛貓營造一個可以安心睡覺的地方吧！也可以用人用的毛毯、毛巾、坐墊等來代替，這時請做為愛貓專用的用具，不要隨便拿起來或變換地點吧！

籠中如果有睡床，
貓咪也可以安心。

有專用的睡鋪，就可以成為貓咪安心的場所。

啊～真是太舒服了……
ZZZ……

便盆&貓砂

便盆有各種貓咪專用的種類。有附蓋的比較可以讓貓咪靜下心來上廁所。

貓砂有便宜的礦物砂，也有輕巧無粉塵的木屑砂或紙砂。另外也有像紙尿布一樣的尿便墊類型，但有些貓咪沒有砂就不想上廁所，這時不妨將尿便墊鋪在貓砂下面，清掃起來就會很輕鬆。

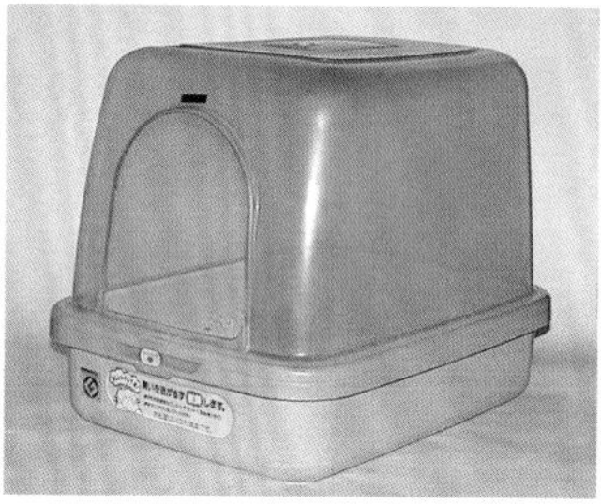

有附蓋的便盆可以防止貓砂四處飛散。

貓砂有各種類型，請挑選喜歡的種類來用吧！

貓咪的食餌

貓是完全肉食性動物。
魚也算是肉的一種。

貓咪是美食家

在日本，長期以來都只給貓吃人吃的飯加上柴魚片之類的「貓飯」。不過，貓和狗不一樣，狗因為習慣了人給的食物而變成了雜食性，但貓卻是原本就只吃老鼠等小動物的完全肉食性動物。

長期以來，日本貓都只吃人類的剩飯，或是捕食住家附近的小動物來填肚子，不過近來由於營養價值均衡的貓糧日漸普及，因此需要自己捕食的機會也越來越少了。

可以忍受粗食是堅強的日本貓的美德之一，但原本貓對於食物就比較保守，不會去碰吃不慣的東西；話雖如此，如果每天給牠吃相同的伙食，牠又容易生厭，有難搞的一面。正因為如此，如果光是餵食牠喜歡吃的點心，可能會變得不吃飼料，或是昨天還肯吃的飼料，今天卻完全不屑一顧。貓和狗比起來，更像是美食家。

貓是挑剔的美食家。
或許是長年來只吃貓飯的反動吧！

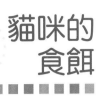

如果貓會靠近飼主，
發出「喵嗚」的聲音來催促吃飯，
就是已經馴服的證明。

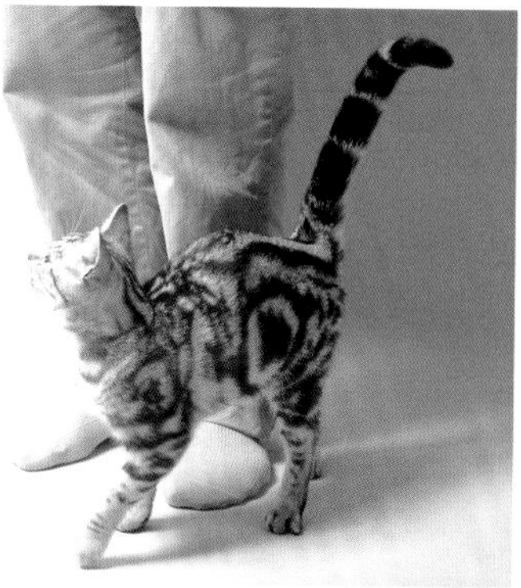

餵食方法

野生的貓在狩獵成功後，並不會一口氣將獵物吃光光，而是大多會分成好幾次，吃一吃就休息一下，然後再繼續吃。家貓也是，就如同日文中有「貓食」這句形容詞一樣，具有每次只吃一點點的習性。所以，與其一次大量餵食，倒不如分成多次，每次餵食一點點還比較說得通。另外，因為有地盤意識的關係，最好在相同的場所、以相同的餐碗餵食，牠會吃得比較安心。

就算飼料分量不夠也不用擔心，已經馴服的貓會主動靠近飼主，發出「喵嗚」的叫聲，催促飼主再多給一些飼料。

由於貓的尿液比較濃，因此比較容易罹患尿路結石。為了加以預防，請隨時準備新鮮的水，好讓牠能自由地飲用。

請用底部較深、不易打翻的餐碗來餵食吧！

正餐要分成少量多次，並且讓愛貓隨時都可以喝水。

貓糧的種類

一般貓糧

貓糧有分成以魚類或肉類為主，用罐頭或調理包包裝的濕糧、呈乾燥顆粒狀的乾糧，以及半生熟的半濕糧等三種。

乾糧的價格便宜，保存容易，營養又均衡，因此適合做為主食。

濕糧的口感比較接近生鮮食材，嗜口性較高，但缺點則是保存不易，價格也不便宜，而且在營養上容易失衡。以往大多是加在乾糧上做為配料，或是當作點心，但最近也有越來越多營養均衡的濕糧上市了，因此也可以做為主食。

半濕糧的優點和缺點恰好介於兩者中間，用來做為主食，貓咪也很愛吃。

將成貓所需的營養均衡地配合，並且可以預防尿路結石的貓糧。

含有成長期的小貓及懷孕・授乳期的母貓所需的維生素和礦物質的貓糧。

為了挑剔的挑嘴貓所開發的鮭魚口味貓糧。

機能食品

這是指在一般的食餌中，考慮到健康而添加了特殊機能的特級貓糧。配合不同的成長階段，有幼貓・老貓用貓糧、肥胖貓用低脂貓糧等。除此之外，也有動物醫院販售的療養食品，以及使用有機食材製作的低過敏性食品等。考慮到健康層面，以預防的感覺來給予，效果不錯。要注意的是，請配合機能和目的來選擇。例如，若是給小貓吃老貓用的貓糧，就會缺乏小貓必要的營養素。

最近，有些飼主會給貓吃自家製的手工料理。不過，這樣的食品在營養層面上很難比得上貓糧，因此不妨當作是配料，添加在乾貓糧上吧！

可以抑制掉毛量，避免形成毛球並促進排除胃中毛球的成貓用貓糧。

營養輔助食品、點心

除了主食之外，另外給予點心零食，在與愛貓進行溝通上是非常重要的。只不過，絕對不能過度給予。特別是人類的食物，是造成肥胖等生活習慣病的原因。

營養輔助食品就是健康輔助食品。各有不同的效果，特別是具有除臭效果和預防毛球效果的營養輔助食品很受飼主的歡迎。在實際效用上，如果不試試看很難知道是否真的有效，因此不妨問問其他飼主或獸醫師、寵物商店的店員等，先收集資訊後再買來試試吧！

7歲以上的老貓用貓糧。考慮到老貓的消化能力及健康層面，特別製作而成的。

母貓會啣著小貓的頸部來移動。

對待貓咪的方法

貓最討厭被逗弄個不停了

基本上，貓是喜歡撒嬌的動物，但是卻很討厭被逗弄個不停。如果不從小讓牠習慣的話，不僅飼主無法抱牠，還會成為個性孤僻的貓。所以，請趁貓咪還小的時候，讓牠習慣被抱時可以冷靜放鬆的姿勢吧！

高明的懷抱法

基本上，抱貓的時候，手要繞到牠的腋下將牠抱起來，就像溫柔地抱著小嬰兒一樣。祕訣在於不能太過用力，只要讓貓咪無法自由動作即可，以免讓牠過於緊張。

在抱貓的時候，只要自然地抓住牠肩膀上方的頸部周圍一帶，在貓咪掙扎時就能制住牠的頸部以避免牠亂動了。如果被抱的貓顯得靜不下來時，不妨溫柔地對牠說說話，好讓貓咪覺得安心。

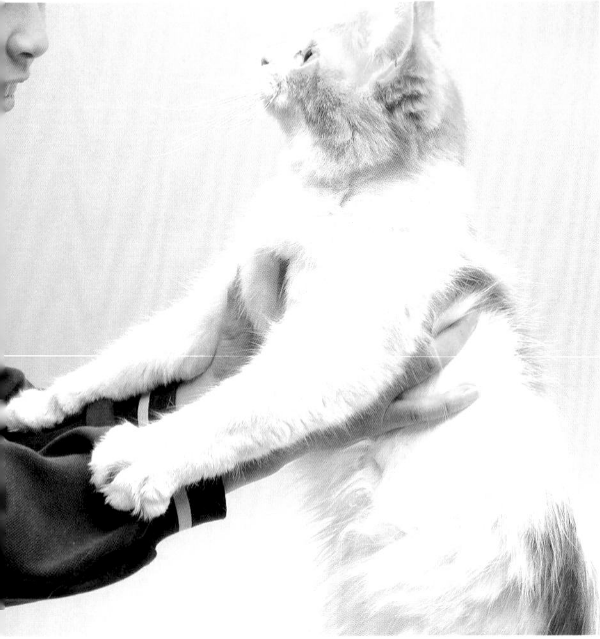

先確實地抓住腋下，再將牠抬起來抱住。

好奇心旺盛的貓不管是什麼東西都能玩。

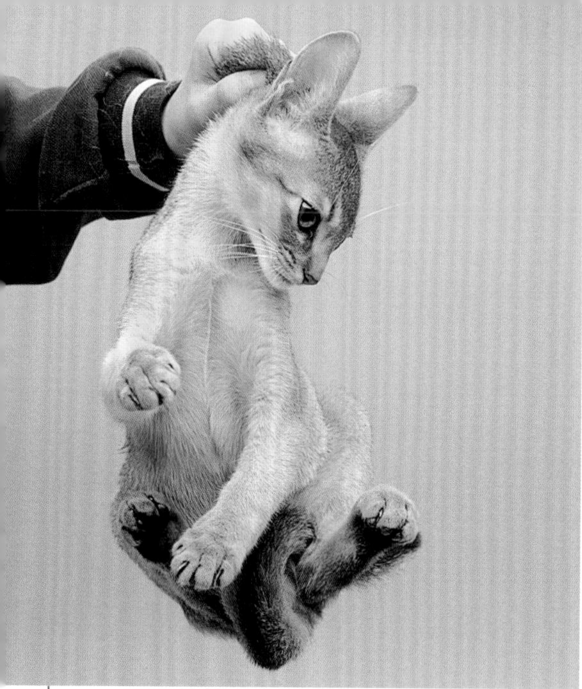

要確實地抓住頸部後方的皮。

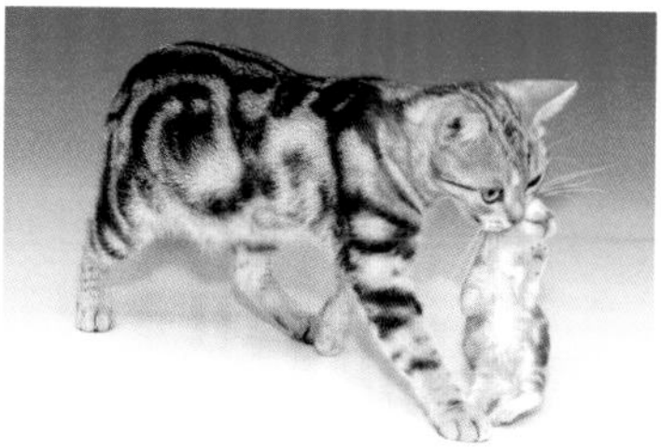

一被啣住頸部，小貓就會乖乖讓母貓叼著走。

緊急時

當貓咪因為興奮而亂動時，首先要抓住牠的頸部。不是掐住牠的脖子，而是要以抓住牠肩膀的感覺來進行；這樣一來，就不會被牠咬到或抓到了。抓耳朵或抓尾巴會引起疼痛，絕對不能抓住並拉扯這些地方。捉到貓咪後，要抓住牠頸後的皮。雖然看起來有點可憐，但這其實跟母貓搬運小貓的方法是一樣的，只要確實抓住，就不會讓貓咪感覺疼痛，反而還能讓牠靜下來。如果因為覺得這樣抓牠很可憐而只抓住一點皮膚，或是要抓不抓的，貓咪反而會覺得自己要掉下去了而掙扎亂動，因此請確實地抓住。

要抱貓或抓貓，在習慣之前或許並不容易，因此最好是趁貓咪身體還小、較容易應付的小貓時期，每天一邊跟牠玩一邊練習。對貓咪來說也一樣，每天跟飼主接觸才會越來越馴服，對雙方而言都是很好的練習。

和貓咪的交流

貓咪只要一看到會動的小東西就會不由自主地追上前去。可以利用逗貓棒或雷射光筆等玩具，跟牠好好地玩一下吧！

當貓咪想要放鬆地撒嬌時，就會發出撒嬌的叫聲並主動跳到人的膝蓋上。這瞬間對於貓咪的飼主來說可謂至高無上的幸福時刻。這時請將牠抱起來，溫柔地撫摸牠，直到牠舒服地發出咕嚕咕嚕的聲音為止吧！

用逗貓棒等和貓咪玩，也是很好的溝通交流。

貓咪的調教

廁所的調教

貓咪上廁所並不需要特別的調教。貓原本就有在固定場所排泄的習性，去除公貓的做記號和小貓時期，幾乎所有的貓最慢在出生後一年左右就能記住要如何上廁所。有時可能會沒對準便盆，或是用腳挖到便盆外面，不過貓畢竟只是動物而已，就睜一隻眼閉一隻眼吧！

因為貓咪一定可以學會上廁所的方法，所以就算牠在便盆之外的地方排泄，也請不要斥責牠。一旦斥責牠，牠就會以為「排泄後就會被罵」，而會養成躲起來排泄的壞習慣，變得不在便盆裡上廁所了。

貓咪會馬上學會上廁所，但最重要的是便盆要常保清潔。

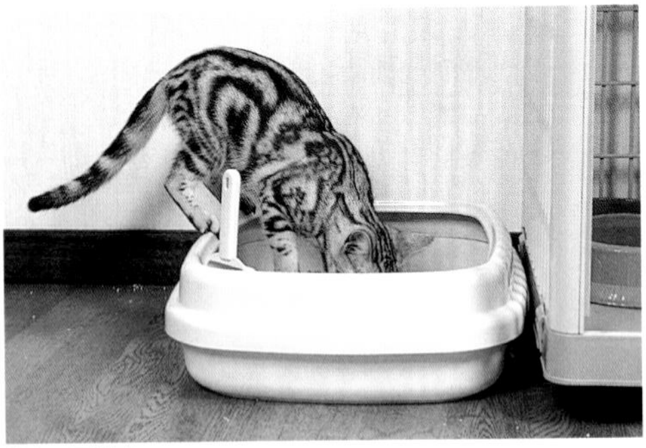

檢查一下貓砂。

便盆請放在安靜不受打擾的地方。

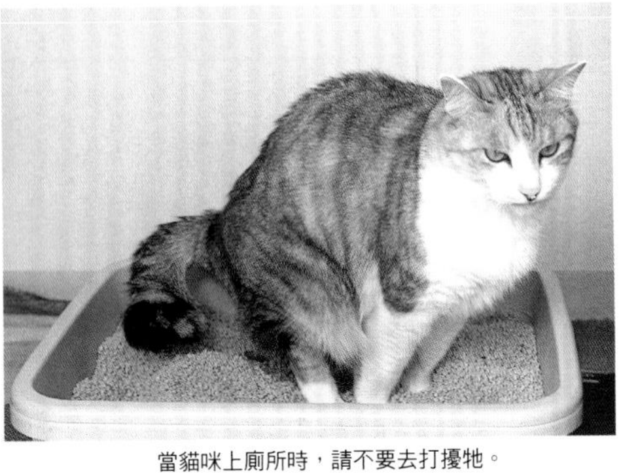

當貓咪上廁所時，請不要去打擾牠。

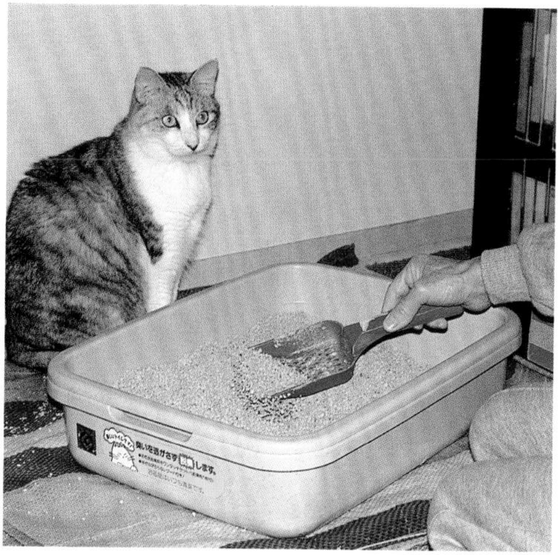

如果便盆太髒的話，貓咪就不會在裡面上廁所了。

第一天的如廁

剛來家中時，小貓在吃過飼料、喝過水後，以及睡醒後就會排泄。當牠想排泄時，首先會走來走去，到處嗅聞地板的氣味；一發現牠有這種舉動，就要帶牠到便盆去上廁所。重複幾次後，牠就會記住有貓砂的地方就是廁所了。

萬一貓咪有好幾次都在便盆之外的同一個地方排泄時，請把便盆放在那裡試試看。那裡應該就是貓咪覺得可以放心上廁所的地方。

如果貓咪會四處排泄的話，可能是便盆太髒、飼主過度斥責，或是放便盆的地方無法讓牠安心排泄等其他方面的壓力所導致的。只要將便盆保持乾淨，儘量設置在可以讓貓咪安心排泄的地方，應該就可以矯正過來。

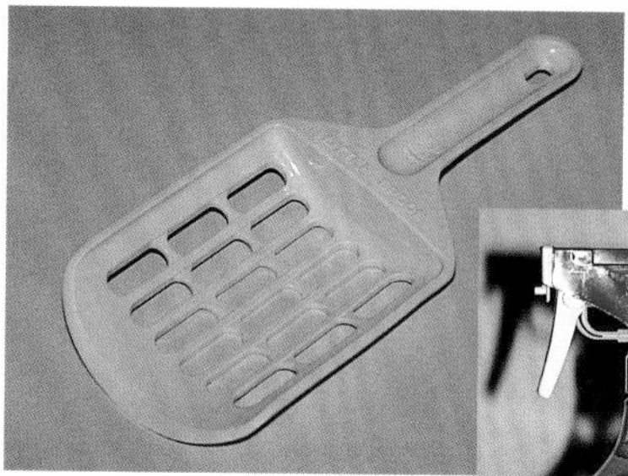

貓砂請時常保持清潔。
清理便盆是飼主的責任。

其他方面的調教

貓咪的調教雖然不容易，但牠卻會知道自己被罵了。所以，當貓咪馴服後，就可以大聲地說「不行」或是「喂！」等，來讓牠記住斥責的話語。如此一來，當貓咪玩鬧過頭、偷吃東西或是惡作劇時，就可以用「不行」來制止牠。先拍手、丟空罐等發出較大的聲音來吸引牠的注意力後，再加以斥責也頗有效果。

另外，叫喚名字後就給牠吃飼料，或是溫柔地摸摸牠等，可以讓牠學會一被人呼喚就要過來。但要注意的是，絕對不可以叫牠過來責罵，否則貓咪會自行判斷飼主叫自己過去到底是要責罵還是要給東西吃，而變得愛來不來的。

日常管理

被毛的整理

如果是被毛整理起來較為輕鬆的短毛種，只要有能夠梳出光澤的獸毛刷和能夠去除脫落毛的針梳即可；長毛種的話，就還需要可以梳開毛球的粗目・細目排梳和針梳。

基本上，短毛種的貓只要會自行梳理就夠了，但如果飼主能高明地幫貓咪梳毛，會讓貓咪覺得很舒服而心情愉快。如果到了換毛期才突然想幫牠梳毛，會讓貓咪覺得討厭，因此請在貓咪心情好的時候，每天或隔天進行都可以，持續地幫牠梳毛來做為一種心靈交流吧！

在寵物商店就能輕易買到，不妨備齊使用吧！

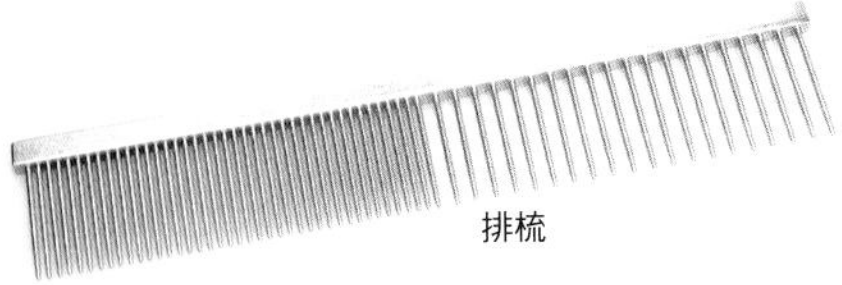
排梳

獸毛刷

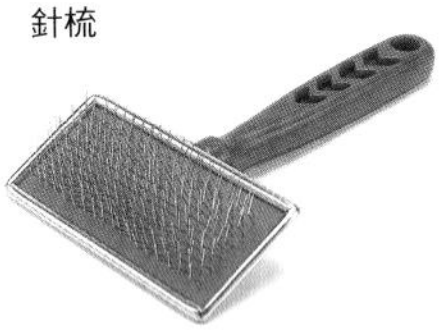
針梳

如果是長毛種的貓

為了預防貓咪自行梳理時吞入過多被毛而在腸中糾結形成毛球症，也為了預防被毛打結，長毛種的貓要每天用排梳或針刷梳毛，將脫落的被毛去除。排梳或針刷等金屬製的梳子可能會因為靜電而損傷被毛，在意這一點的人，不妨使用防靜電的梳子，或是在梳毛前使用防靜電的粉末等。

針梳可以去除柔軟底層毛的脫落毛，非常神奇，但細針狀的梳子很容易刮傷被毛，因此只在換毛期使用即可。

短毛種的用濕巾仔細擦拭也可以很乾淨。

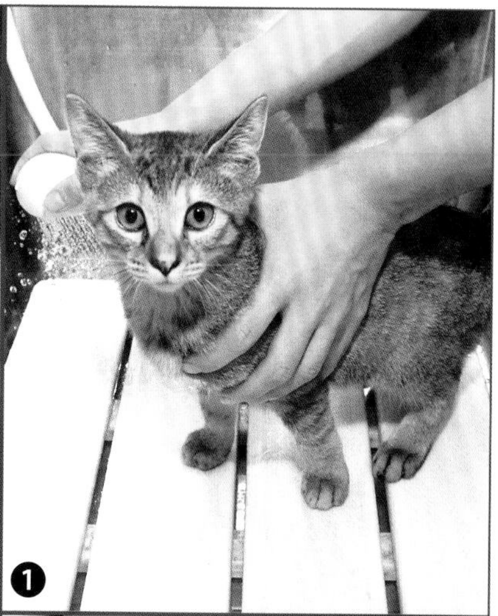

❶ 調好溫度後，整體充分淋濕。

❷ 為了不讓貓咪討厭，腳和頭部要用海綿來弄濕。

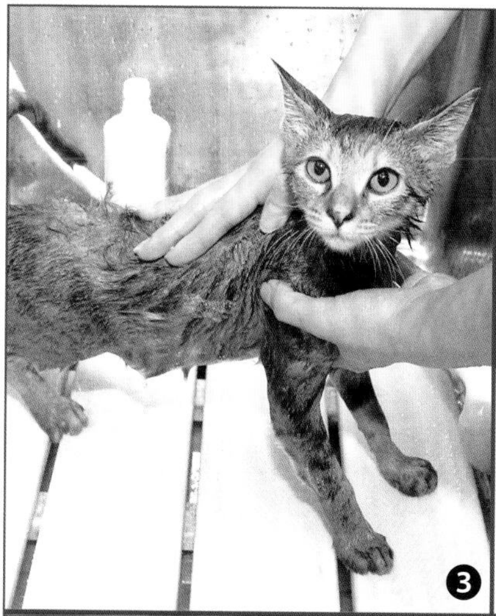

❸ 整理淋上稀釋過的洗毛精，充分洗淨。

❹ 用乾毛巾仔細拭乾水分。

洗澡

過度洗澡的話，身上的皮脂會被洗掉，對被毛和皮膚並不好，所以沒有必要頻繁地洗澡。此外，貓不喜歡碰水，如果是短毛種，除非身上真的很髒，否則只要用濕毛巾擦拭就夠了。長毛種的貓由於較容易沾染污垢和氣味，不妨一個月一次，以低刺激的專用洗毛精幫牠洗澡。

洗澡的水溫大約是38度左右，除了貓咪的臉部之外，全部都要充分淋濕。因為貓很怕蓮蓬頭的聲音和強大的水勢，最好用舀水的方式來洗淨。洗澡、潤絲完畢後要仔細吹乾，這個順序跟人類是一樣的。不喜歡洗澡的貓，可以使用粉末狀或慕絲狀的乾洗劑。不過，長毛種的貓如果乾洗的話，很可能會造成皮膚損傷，因此不妨帶去寵物美容院或動物醫院洗澡吧！

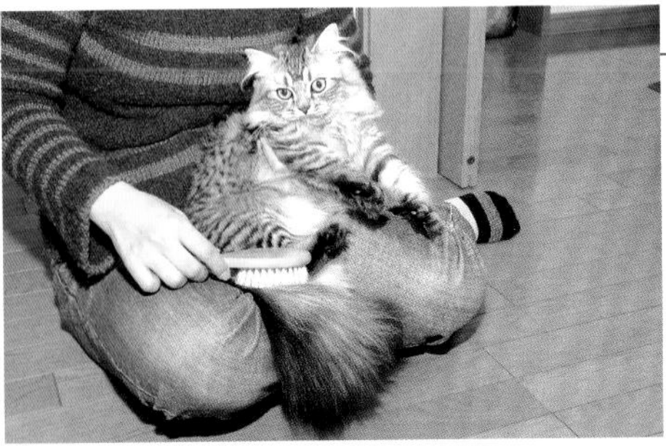

季節性的美容整理

換毛期的梳毛

貓在春天和秋天會有1～2週的換毛期，從頸部一帶開始逐步往下，替換夏毛與冬毛。在換毛期間，每天都會有大量的掉毛出現，特別是冬毛，由於底層毛會大量脫落，因此清掃起來非常費力。

短毛種的每天要梳1～2次，長毛種和俄羅斯藍貓等雙層被毛的品種則早晚要梳2次以上，以針梳將脫落毛清理乾淨。用針梳梳理可以避免脫落毛四處飛散，非常方便，但因為容易損傷被毛，所以平常不需要用到。

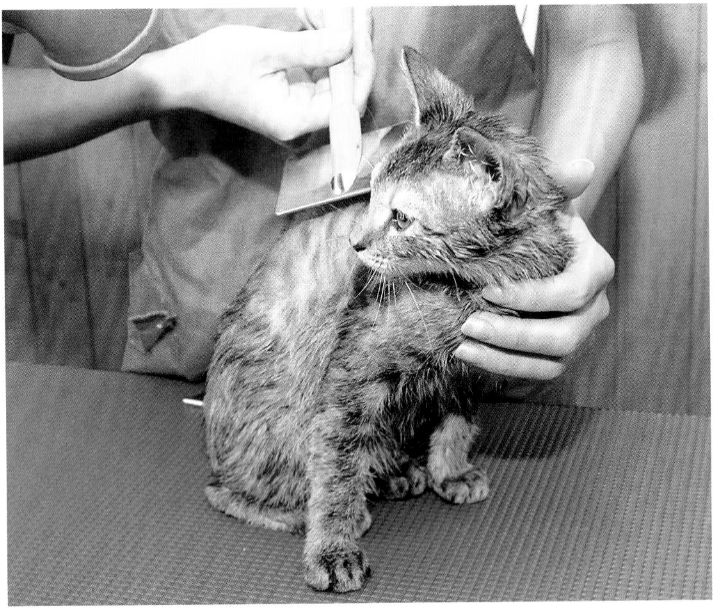

洗完澡後要吹乾被毛時，有針梳會非常方便。

清潔耳朵

大多數的貓只要耳朵寄生了耳疥蟲，就會累積又黑又濕的耳垢。原本耳朵裡面是不會髒污的，所以當發現有又黑又濕的耳垢堆積時，請考慮一下是否感染了耳疥蟲等外部寄生蟲，或是罹患了外耳炎等疾病。此時，請不要拖延，最好馬上帶去動物醫院。

清潔耳朵的方法為：在耳中滴入少許潔耳液，以搓鬆的棉花棒避免過度深入地輕輕擦拭耳垢。

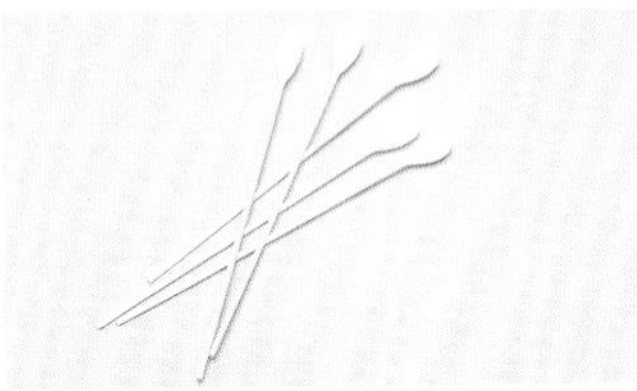

將寵物用的潔耳用棉花棒搓鬆開來，不要深入耳朵，小心地進行。

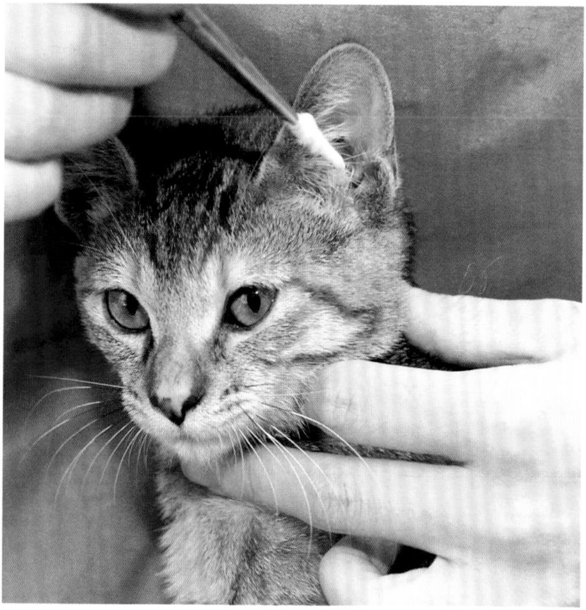

髒污情況嚴重時，請交由動物醫院處理吧！

不過，因為不當的清潔方法使得外耳道受傷，或是使情況更加惡化的例子時有所聞，因此最好不要輕易自行幫貓咪清理。如果耳朵出現異常的話，帶去動物醫院是最迅速簡單的方法，而且也能安全地進行治療。

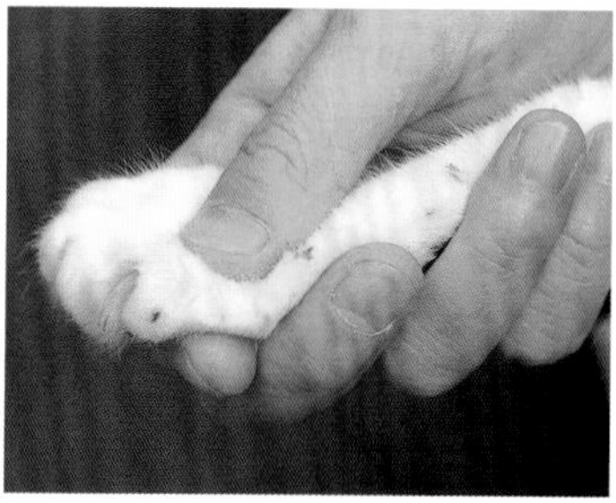

按壓腳尖，趾甲就會露出來。

剪趾甲

如果貓咪不習慣的話，剪趾甲就不是件容易的事，因此請趁貓咪還小時練習幫牠剪趾甲吧！貓咪的趾甲平常是收起來的，只要按壓趾根下方膨脹的部分，趾甲就會因槓桿原理而露出來。然後，只將趾甲前端沒有血管通過的透明部分剪掉即可。在熟練之前，將如針般尖銳的趾甲前端只剪掉一點點會比較安全。

握剪型的趾甲剪。

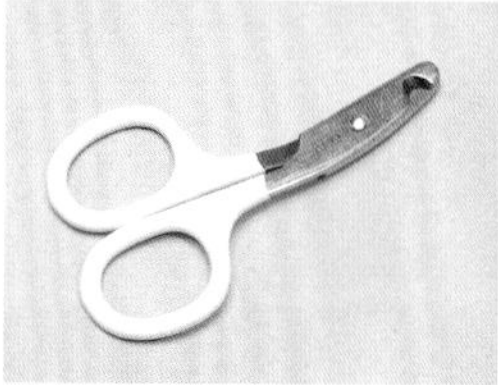

一般的剪刀型趾甲剪。

其他

其他像是疫苗的預防接種、跳蚤・蟲蟎的預防藥、需要長期旅行時，請向往來的獸醫師諮詢。

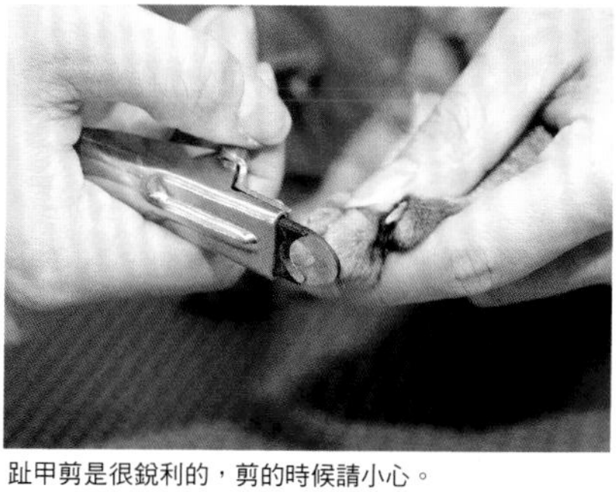

趾甲剪是很銳利的，剪的時候請小心。

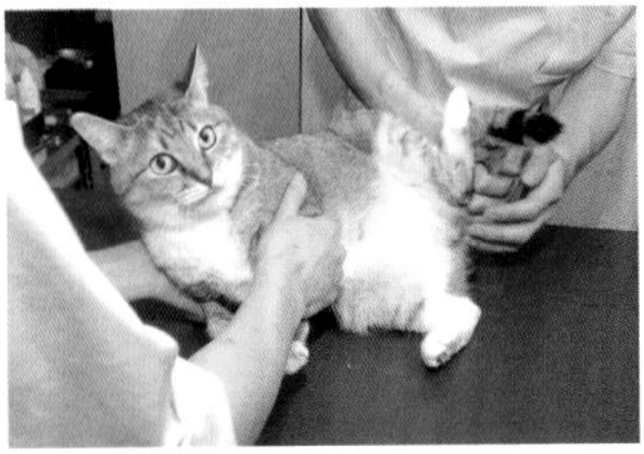

預防貓咪的疾病與傳染病

小貓要特別注意

大致說來，貓的疾病可分為：由於病毒或細菌而從其他貓隻身上感染的傳染性疾病、由於食餌或飼育環境不佳所導致的生活習慣病，以及癌症或腫瘤、遺傳病、過敏等突發性的疾病。

在這些疾病中，傳染性疾病只要事先注射預防接種，並且不讓愛貓接觸其他貓咪、純粹在室內飼養的話，就能簡單地進行預防。

但是在小貓時期，在來到飼主身邊之前有很多與其他貓隻接觸的機會，加上移動時的壓力會造成免疫力低下，所以出生後到半年為止可說是最危險的時期，請不要看漏任何小貓身體上的變化。不能遺漏的初期症狀有：咳嗽、打噴嚏、下痢、發燒、嘔吐、流眼淚、兩眼無神、流鼻水、呼吸困難、發癢、掉毛、禿塊、走路方式等動作的異常、不想伸展腹部、腹部無力、沒有精神……等等。

這些症狀可能是一時的，像是嘔吐了但仍然有食慾，或是只有一次的打噴嚏或咳嗽等，如果是這樣的話就還好；但如果是持續一天以上的咳嗽，或是一直站著下痢或嘔吐時，請立刻接受獸醫師的診察。

傳染性疾病

一般而言症狀較為嚴重、傳染性高的可怕傳染性疾病如左：

●有疫苗的

貓泛白血球減少症

貓病毒性鼻氣管炎（FVR）

貓白血病（FELV）

貓卡里西病

●沒有疫苗的

貓傳染性腹膜炎（FIP）

貓免疫不全症（FIV）

每年做一次健康檢查

目前已知，貓容易罹患的生活習慣病有：尿路結石等泌尿器官相關疾病、肥胖、糖尿病、過敏性疾病等。

現在已經能夠買到以預防尿路結石和過敏症狀的成分為原材料所製作的貓糧，也可以用減肥貓糧來預防會引發各種疾病的肥胖。另外，發情和與生殖器關相關的疾病則可以用結紮來預防。

這種生活習慣病不同於傳染性疾病及受傷，由於會長時間侵蝕貓咪的身體，因此最好能定期接受健康檢查，以便能及早發現。只要能早期發現，就能早期治療。還有，健康檢查時也可以請獸醫師指導適合愛貓的體質、年齡和身體狀況的飼育方法。像這樣針對不同個體所進行的微妙

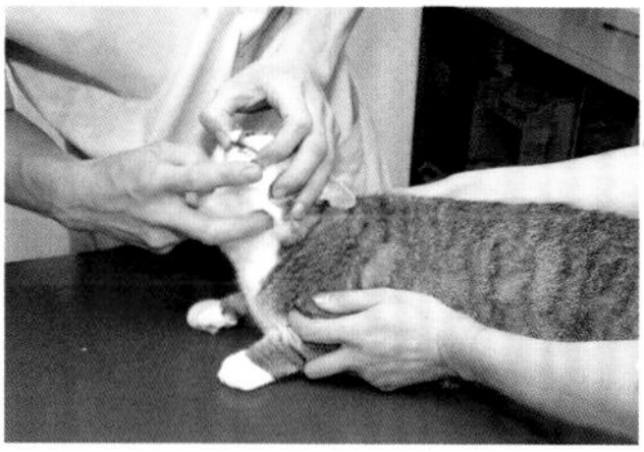

的管理方式，在預防疾病上應該是相當有效的。

不只是貓，動物就算感覺身體不舒服，也無法像人類一樣說出來。牠們往往會將疼痛與不適忍耐至極限，因此症狀很容易在不知不覺中惡化。

人畜共通傳染病

人畜共通傳染病是貓和人類都會感染的疾病。由於人類傳染給貓的疾病較少，主要問題是在貓傳染給人的疾病上。

其中大多數都是消化器官的疾病，或是寄生於皮膚上的寄生蟲、蟎蟲所引起的疾病。摸過排泄物之後要洗手、不要以口餵食或親吻等，只要像這樣進行一般的衛生管理就可以預防了，因此發生病例並不多，不需要太過擔心。

貓抓病

這是被貓抓傷而感染了病原菌的症狀。在被貓咬過或抓傷的2～3天後，會出現淋巴結腫大及高燒症狀。

弓漿蟲症

這是感染了球蟲之一的弓漿蟲而發病的症狀。會經由糞口傳染。一般來說馬上就會出現抗體，就算感染了也不會發現。

但是，沒有抗體的孕婦一旦感染，可能會感染到胎兒而造成流產，因此對孕婦來說是很可怕的疾病。正在懷孕或是有懷孕計畫的人，請到醫院接受弓漿蟲的抗體檢查，如果有抗體的話就不用擔心；如果沒有抗體的話，只要在懷孕期間避免接觸貓咪即可安心。

跳蚤

雖然不會有嚴重的症狀，但由於跳蚤也會在家中繁殖，很難加以根除，因此是非常棘手的寄生蟲。最近在都市區也逐漸增加了。

可用除蚤劑或除蚤圈來預防。

巴斯德桿菌病

由於貓咪的口腔和趾甲都有細菌，一旦被咬傷或抓傷可能就會引起。雖然會引起腫痛，但腫起的部分很少會擴散到傷口周圍。

沙門桿菌病

由沙門桿菌經口傳染，會引起發燒、下痢、嘔吐等急性腸胃炎。這種細菌在健康人類的糞便中也可能存在。

貓蛔蟲症

由貓蛔蟲所引起的寄生蟲病。一旦大量寄生，可能會引發嘔吐或下痢，但症狀並不嚴重。

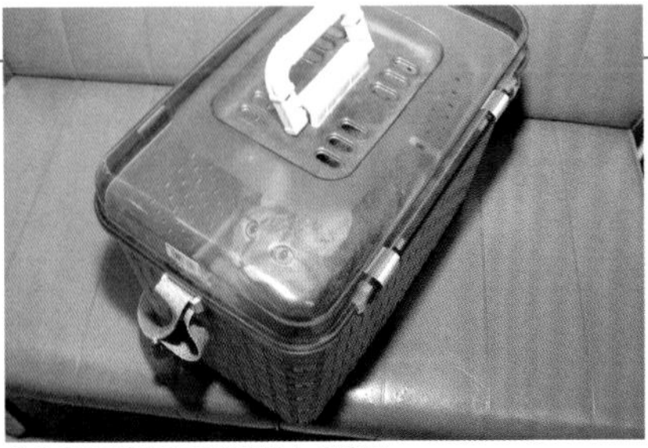

前往動物醫院時要將貓裝在提籃裡。

選擇動物醫院的方法

動物醫院的選擇方法

說遇見有良心的動物醫院或獸醫師會左右貓咪的一生，這句話一點也不為過。

不同於人類的醫師，貓咪從出生到死亡、從基本的健康管理到攸關生死的重大疾病治療和手術，一切都得委任獸醫師來進行，因此尋找一個可以打從心底信賴的獸醫師，就是非常重要的一件事。

不妨向住家附近的貓咪飼主打聽一下，選擇風評良好的動物醫院。

此外，考慮到必須緊急送醫時的方便性，最好在住家附近的醫院固定看診會比較好。萬一愛貓生了重病或是住家附近沒有好的動物醫院時，可以尋找專門看貓的動物醫院，請專治貓的獸醫師來診治便能安心。

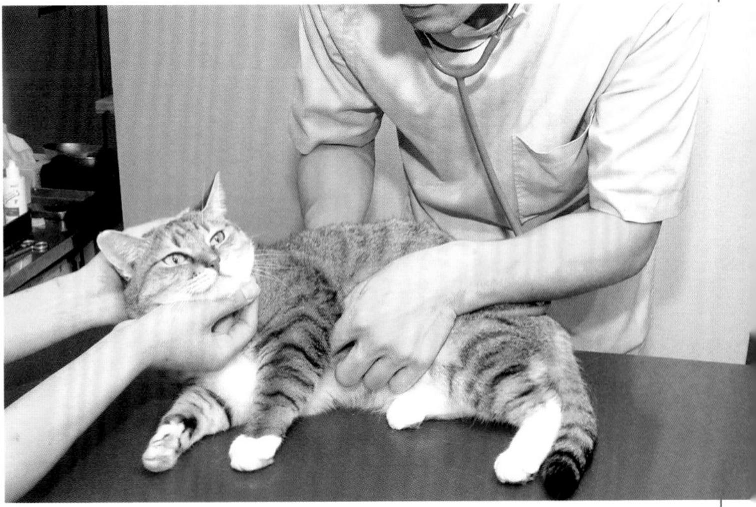

與獸醫師的往來方法

最重要的，就是飼主和動物醫院的醫師及員工們是否能合得來。如果飼主覺得「我不喜歡這間醫院」的話，這樣的心情也會傳染給貓咪，絕對無法好好地接受治療；相反地還可能因為壓力而讓病情更加惡化。不管是什麼樣的小事都能熱心傾聽，也可以輕鬆請教對方關於日常教養及生活習慣方面的問題，這樣的動物醫院才是最好的。

動物醫院並不是生病後才慌張前往的地方，而是從健康時就要前去請教正確的生活習慣和疾病知識、和對方商討各種疑問的地方。繼飼主之後第二個了解愛貓狀況的人，這樣才稱得上是家庭獸醫師。

萬一獸醫師的說明含糊不清、收費異常昂貴，或是收費低廉卻一直無法改善症狀時，

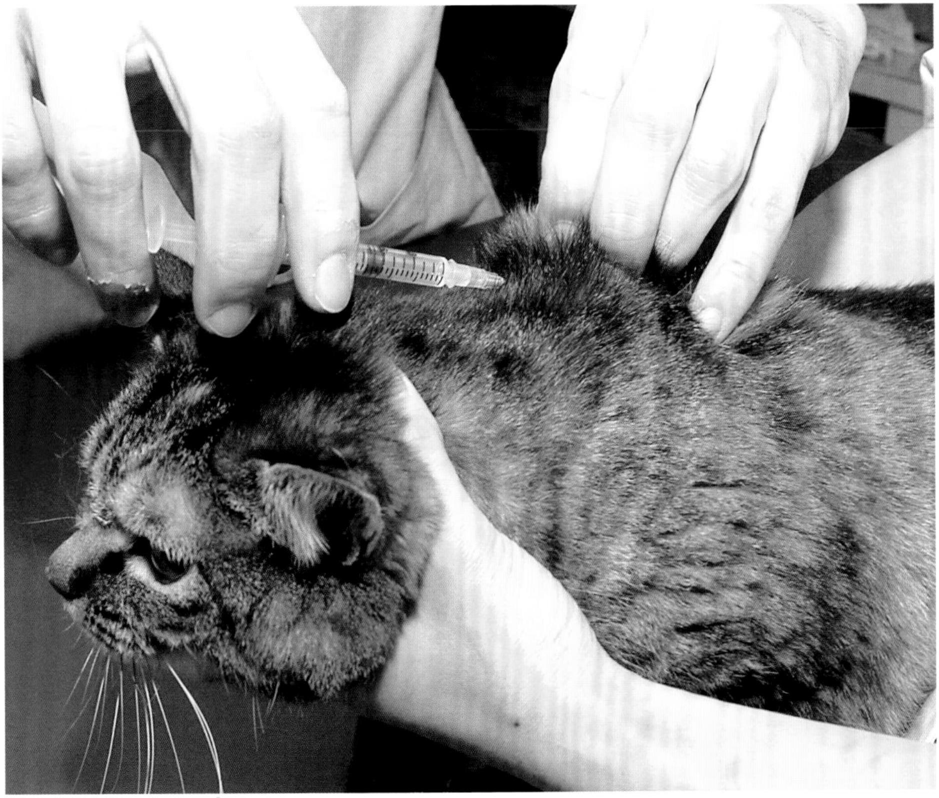

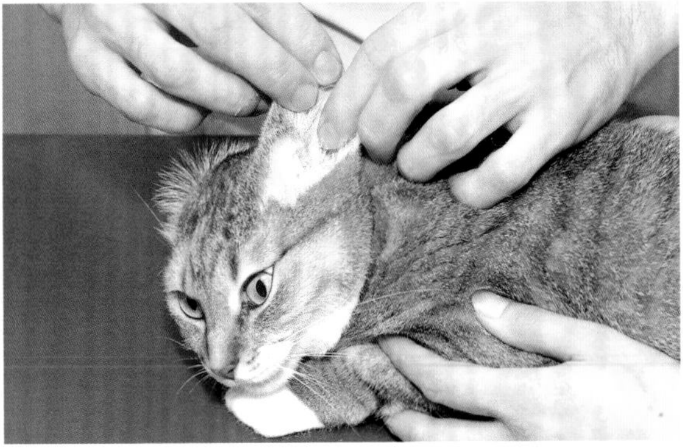

請事先尋找可以信賴的家庭獸醫師吧！

最好向別的獸醫師尋求第二意見。只不過，到處轉院或是對於之前在別家醫院看過的事絕口不提，反而會妨礙治療。相信獸醫師的判斷也是很重要的。

請在小貓出生前就先決定牠的去處吧！

貓咪的繁殖與育兒

繁殖要等出生後滿一年才行

貓在出生半年後就會迎接第一次的繁殖期，但由於這時的身體尚未完全成長，如果將體力耗費在懷孕・生產的話，可能會停止成長，或是無法順利生產。因此，繁殖一定要等出生滿一年後才能進行。

如果只養一隻的話，可以問問飼養相同品種的其他飼主或是育種業者，看看是否能讓牠們相親；也可以請寵物店介紹一下。如果是「以後想讓牠繁殖，但現在不想增加數量」的人，不妨去動物醫院植入能夠抑制發情的荷爾蒙劑。

準備可以安心生產的產床

由於懷孕的母貓容易因為營養被胎兒吸收而導致營養不足，因此不妨給牠飲用營養價值高、鈣質含量豐富的貓奶。

生產會在不被其他人與貓打擾到的陰暗而安靜的場所進行。如果飼主沒有準備這樣的生產地點，母貓就會自己跑去櫥櫃或家具下方生產，因此請準備紙箱或衣物收納箱等大小可以讓貓輕鬆躺下的箱子，並在裡面鋪上毛巾等。

快要生產時，母貓會因為不安及疼痛而發出叫聲，告訴飼主。請讓母貓躺在產床上，輕柔地撫摸牠好讓牠安心。有些對飼

主特別信賴的母貓，甚至還會在生產完後特地將小貓叼來給飼主看呢！

基本上，照顧小貓的事交給母貓進行即可。

一般而言，母貓會在深夜至天亮的這段期間，一邊休息一邊產下數隻小貓，但若是長時間都生不出來，或是好像很痛苦時，請立刻聯絡動物醫院。

生產結束後，母貓會自行處理胎盤等物，並將小貓舔乾。等一切狀況都穩定下來後，再來更換乾淨的毛巾。

小貓要喝貓奶

萬一母貓不照顧小貓，或是有小貓喝不到奶水時，又或者撿到小貓時，就要以人工哺育的方式餵食貓奶。母貓最初分泌的初乳中含有來自母貓的免疫成分，非常重要，因此就算是強迫也要讓小貓飲用初乳，以便提高後續的生存率。

貓奶一定要使用寵物店中販售的。牛奶和貓奶的成分並不一樣，喝了會讓小貓下痢，無法順利成長。餵完奶後，只要用沾濕的面紙刺激肛門，小貓就會排泄，因此請務必要進行這個作業。

和貓咪外出與讓貓咪看家

和貓咪外出時

貓咪外出時，請將牠放入提籃中。雖然要把牠關起來似乎很可憐，但陌生的場所和噪音都會讓貓咪覺得害怕，待在牠習慣的提籃或籠子中，反而可以讓牠在移動中覺得安心。

只要是普通大小的提籃，搭電車等時都可以當作是手提行李帶上車。

長時間搭乘汽車或電車，可能會讓貓咪暈車而嘔吐。暈車本身並不需要太擔心，但嘔吐可能會引起脫水症狀，造成壓力而導致食慾不振。抵達目的地後，請儘量讓牠待在安靜的場所，讓牠補充水分、餵牠吃喜歡的零食等，好讓牠恢復食慾吧！

讓貓咪看家時

如果是外出1~2天的話，可以讓貓咪獨自看家。只要有新鮮的水和飼料，就算外出久一點也沒關係，但是便盆太髒的話，貓咪可能會去其他地方排泄或是因為太寂寞而隨地大小便、抓壞家具或衣服等。最理想的方法是，飼主外出時，請貓咪也認識的人來家裡當寵物保母。另外，也可以將貓咪託付給朋友照顧，但因為來到陌生住家的貓咪經常會隨地大小便，所以最好把平常使用的便盆也帶去。

在外出的期間，也可以委託專業的寵物保母來照顧貓咪的起居。因為是請對方來家裡，所以貓咪也會比較安心。不過，寵物保母雖然可以幫忙餵食和清理便盆，卻不是一直都待在家裡，因此對方回去後還是得擔心貓咪惡作劇的問題。

長期不在家時，最安心的方法便是寄宿寵物旅館，如此就無須擔心隨地大小便和惡作劇的問題了。除了寵物旅館之外，有些動物醫院和寵物店也有寄宿服務。另外，大部分的寵物旅館都需出示疫苗接種證明書，如果沒接種過疫苗也能住宿的話，這樣的寵物旅館在衛生上著實堪慮。

國家圖書館出版品預行編目資料

超人氣貓種圖鑑47 / 佐草一優監修；賴純如譯.
--三版.-- 新北市：漢欣文化事業有限公司, 2023.09
208面；21x15公分. --（動物星球；3）

ISBN 978-957-686-883-2(平裝)

1.CST: 貓 2.CST: 寵物飼養 3.CST: 動物圖鑑

437.36025 112013847

定價 380元

動物星球 3

超人氣貓種圖鑑47（經典版）

監　　修 / 佐草一優
譯　　者 / 賴純如
出 版 者 / 漢欣文化事業有限公司
地　　址 / 新北市板橋區板新路206號3樓
電　　話 / 02-8953-9611
傳　　真 / 02-8952-4084
郵撥帳號 / 05837599 漢欣文化事業有限公司
電子郵件 / hsbooks01@gmail.com
三版一刷 / 2023年9月

佐草一優

PROFILE

1958年出生於島根縣松江市。麻布獸醫科大學（現・麻布大學研究所）研究所碩士課程畢業。東京都町田市的JWCのづた動物病院院長。寵物的衣食住相關綜合建議集團Pet Life Support Center負責人，兼任野生動物保護團體JWC（Japan Wildlife Center）團長。除了從事世界各地之野生動物的保護活動及生態調查之外，對於寵物的治療法及飼育法等也有很深的造詣，在人類與動物間理想的關係上展開大幅度的活動。主要著作有：《野生動物不會滅絕》（情報中心出版局）。主要監修作品有：《人氣室內犬的挑選技巧與飼養方法》（主婦之友社）、《我的愛犬目錄301》（双葉社）等。

日文原著工作人員

◇監　修 佐草一優
（のづた動物病院院長）
◇攝　影 藤原尚太郎、太田康介
◇撰　文 安斉裕司
◇設　計 田沼翠
◇封面設計 平田治久
◇編輯所 グラスウインド
◇協　力
ペットエコ横浜ららぽーと店
ペットのコジマ
My Friendsららぽーと店
ビッグベン
永井くるみ
ペットライフサポートセンター
のづた動物病院